人工智能与计算机教学研究

张文静　蔡　爽　刘长风　著

中国原子能出版社

图书在版编目(CIP)数据

人工智能与计算机教学研究 / 张文静,蔡爽,刘长风著.--北京:中国原子能出版社,2024.9.--ISBN 978-7-5221-3663-9

Ⅰ. TP3-42

中国国家版本馆 CIP 数据核字第 2024610N0Z 号

人工智能与计算机教学研究

出版发行	中国原子能出版社(北京市海淀区阜成路43号　100048)	
责任编辑	王　蕾	
责任印刷	赵　明	
印　　刷	北京九州迅驰传媒文化有限公司	
经　　销	全国新华书店	
开　　本	787 mm×1092 mm　1/16	
印　　张	11.5	
字　　数	155 千字	
版　　次	2024 年 9 月第 1 版	2024 年 9 月第 1 次印刷
书　　号	ISBN 978-7-5221-3663-9	定　价　78.00 元

前　言

　　人工智能时代是一个以云计算、大数据、深度学习算法为基础，将 AI 技术向人类生产和生活的各个领域全面推进的时代。人工智能时代的到来，对企业的发展模式、人们的生活方式以及教育的发展都产生了深刻的影响。在新的时代，新技术和新产业蓬勃发展，促使工作模式发生了革命性变革，很多人类的工作都将被智能机器所取代，同时又产生了一些新的工作岗位，大量人员面临重新就业和转业问题。要想成功应对科技革命带来的工作革命，必须依靠教育革命。人工智能技术在计算机教学中的应用，为现代教育的发展提供了新的思路。基于此本书对人工智能背景下的教育要素与活动、人工智能与教学的关系、我国计算机教学现状与学生培养方向、新时期计算机课程体系与教学体系的改革、人工智能技术在计算机教学中的运用进行了探究。全文充分体现了科学性、发展性、实用性、针对性等显著特点，希望其能够成为一本为相关研究提供参考和借鉴的专业学术著作，供人们阅读。

　　为了拓宽研究思路，丰富理论知识与实践表达，作者阅读了很多相关学科的著作与成功案例，吸取了大量交叉学科的知识并在书中采用，让研读的人能够真正清楚地理解这些内容，以便今后更好地实施。最后，书稿的完成还得益于前辈和同行的研究成果，具体已在参考文献中列出，在此一并表示诚挚的感谢！由于作者水平有限，加之人工智能发展较快，书中存在的错误、疏漏和不妥之处，恳请读者不吝赐教和批评指正。

目 录

第一章 人工智能背景下的教育要素与活动

第一节 人工智能背景下的教育教学领域

人工智能已经成为现代计算机应用的一个十分重要的部分,应用于社会各个领域,成为各领域热捧的新兴研究方向。在建设"教育强国"的今天,人工智能自然也作为一种现代化的教学手段,逐渐应用于教育教学领域。这种依托人工智能而形成的现代化教育教学手段,不仅可以为学生营造新的学习环境、激发学生的学习热情与兴趣,而且对于提高教师的教学水平、开阔学生学习视野有着不可忽视的作用与价值。当前,人工智能已被逐渐应用于教育教学的相关领域,对教育教学的改革与发展起着极大的推动作用。

一、特殊教育

在传统智力观下,智障学生的学习能力被低估,他们接受高中阶段的教育几无可能。人工智能的发展,促使人们对智能重新认识。多元智力理论的提出,使得传统观念所认为的智障学生难以应对现有的学习环境这一观念有了新的变革,聚焦智障学生的其他学习特长,使得他们同样具有学习发展的可能。

人工智能的发展与普及成为支撑多元智力理论发展的有力"武器"。电子计算机的发明使人们认识到,传统意义上的数学等智力并不是人类智力学习的全部,动作技能和情感技能等同样是人类智能发展的重要代表。人工智能的发展使得数学、逻辑等基本智能有了被替代的可能,这些工作岗位的基础工作由于人工智能的出现变得更加简单轻松,而其他智能由于其自身的独特性和不可替代性成为未来人类发展的重要方向。可以预见,在未来,"数理化"将不再是衡量一个人智能高低的重要标准,由"智商"所代表的数理、逻辑能力将因人工智能的进一步发展而逐渐产生变化,以其为标准的智商与智障的划分依据也受到挑战。不少所谓的智障人士的成功,也给人工智能在特殊教育领域的发展增添了极大的研究信心。

人工智能之所以能受到人们的热烈追捧,其很大原因在于人工智能不仅改变了人类现有的生存方式,而且对于人类新视野和新观念的变革也产生了巨大的推动作用。人工智能与现代社会的其他技术紧密结合,不仅对于人类五官、四肢的发展有着极大的推动作用,而且对于提高大脑能动性有着更为深远的意义。智障学生的身体和智能缺陷将通过先进技术得到相应的补偿。新智能观还为更加客观地评价智障学生的智能提供了可能。不少教育家应势提出的关于特殊儿童的融合教育则为智障学生接受高中阶段的教育创造了机会,使智障学生同样能够通过学习改变命运,获得精彩人生,当前此类融合教育已经逐渐投入实践中,且初见成果。未来,在人工智能的推动下,特殊教育的教育教学必然朝着更贴近学生、更贴近生活和更贴近人性的方向发展,努力为智障学生提供更为人性化、更为无障碍的学习环境,从而给他们带来可持续发展。

二、职业培训

人工智能与职业培训相结合已经成为未来职业培训发展的新趋势。为了更好地适应这种趋势,美国皮尤研究中心发布了《工作和职业培训的未来》的研究报告。该报告揭示,人工智能时代的工作领域将呈现三大趋势:一是工作被机器替代;二是工作岗位供给不足;三是"云劳动"的出现。该报告详细分析了人工智能时代劳动力市场发展的趋势,并提出了职业培训的应有之义。其具体含义为:为了应对工作领域的重大变化,人工智能时代的职业培训会发生相应的调整:职业培训对象将产生转型、适应和应变的学习需求;职业培训内容应服务于不同的学习需求,获得充足的"软"技能;职业培训方法需要结合传统形式与现代技术,广泛应用电子指导、数字化学徒制等形式,建立数字化的职业培训模式;职业培训应构建数字化认证系统,为企业和劳动力搭建职业匹配的认证"媒介";职业培训政策须持续完善,实现职业培训与人工智能相适应。人工智能作为一种职业培训的手段,正逐渐取代实体培训,成为职业培训的首要选择。人工智能不仅为学习者提供个性化的培训服务,而且能满足各类学习者的学习需求,在人机的相互配合下,工作效率因而大幅提升。

但我们也要注意到,从全球各国发展趋势看,相关国家、组织在制定人工智能政策过程中,基本上都涉及教育与培训的问题。他们都意识到,制定与人工智能相适应的教育与职业培训政策,能够为人类适应劳动力市场变革做好前期准备。因而政策的制定是否符合社会发展的实际需求就成为人工智能应用职业培训领域一个不可忽视的内容。首先,政策应强调人工智能对于当前职业培训的实际意义。面对当前和未来的劳动力市场,劳动者唯有接受有效的教育和职业培训,才能获得人工智能时代所需的就业能力。其次,政策应保证相关部门的财政支持,为此类培训的实现提供资金支持。明确职业培训职责和参与主体,鼓励政府、企业、第三方等利益相关者积极参与,可以保证培训资源的供给,推动教育、培训和劳动力之间的无缝对接。最后,完善职业培训评估的相关质量标准,增强培训者的学习意识。对职业培训评估与质量标准体系的使用和推广,不仅能够增强劳动力的流动性,还有助于提高职业培训提供者和参与者的社会地位,从而增加职业培训对人们的吸引力,使培训者以积极的心态和新型的方式去加强知识学习。相关部门要依靠人工智能技术去实现数字认证,提高培训质量标准,完善培训评估体系。

三、科学教育

人工智能的发展带来了科学教育的大变革,科学教育教学的目标在于培养更高层次的现代化人才。我们要清醒地认识到人工智能时代所面临的机遇和挑战,人们需要不断地学习新技能和新知识,在被人工智能淘汰之前找到新的出路。因此,我们必须强调要立足原始创新,加大对高端领域的研发力度,不断拓展和开辟出新的市场空间,在融合发展中抢得先机、赢得主动。

在人工智能的推动下,科学教育在人才培养中应强调兴趣对于学习的重要性,要求根据兴趣选择更广阔的专业课和进行更严格的专业训练。按照重基础、宽口径的培养模式,在课程设置上,加强学生的基础专业知识的培养,包括公共基础课和专业基础课,学科基础课和选修课中注重专业基础和专业能力的培养,以夯实学生专业基础,提升实践应用能力、创新能力为目的,构建知识、素质、能力三位一体的培养模式。保持专业主干课程稳定,并根据人工智能发展动态及市场需求变化适时调整辅助课程的教学体系改革方案,逐渐形成主体相应课程。在教学方式上,实施以学生为中心和主体的多元混合的教学方式,包括多媒体教学、自主选题讨论等内容,人工智能的广泛应用更加强调教学过程的实践作用。在教学内容上则体现学科间的融合与互动,针对不同程度学生安排难易程度适中的内容和提出不同的要求。设立与专业、课程密切相关的实验和课程实习,合理安排实践教学环节,特别加强专业综合训练,形成重在能力培养的实践教学体系。可以预见,人工智能必将推动科学领域的蓬勃发展,也将对科学教育产生深刻的影响和变革,这次变革不仅会使社会对人才在科学教育方面的需求有所改变,而且会给高等教育打造更为科学化的人才培养带来前所未有的机遇,使科学教育融入人类的社会生活中,更为直观、更为迅速地参与到社会实践中去。

四、数学教育

人工智能技术是在大数据时代的背景下应运而生的。在数字化时代,人工智能已应用于各个领域,这之中不乏教育领域中的教学应用。当下,数学教育与人工智能的结合,对数学教育的发展起着极为重要的推动作用。在监督教学、VR 提高教学效率、"一对一"辅导、"智能助教"等方面,人工智能技术的具体应用,为数学教育教学提供了十分重要的参考。

显然,人工智能在大数据的环境下给传统的数学教育注入了新的活力,个性化的教学、更精准的数据分析,使得数学教育更加符合学习者的学习特征、习惯和风格,更加便于接受与学习。人工智能技术发展为提供个性化、精准化和人性化的数学教育提供了可能。下面从"识别技术""虚拟技术""'一对一'辅导""智能助教"等方面进行信息阐述。首先,识别技术的作用主要在于监督数学教育教学,不仅可以应用于监考等活动中,而且对于实时监测学生的学习情况,根据每个学生的实际情况设计相应的数据档案,通过数据分析为每个学生打造适合自己的数学学习计划。其次,虚拟技术的应用成为数学教育教学中一大新的实践突破。虚拟现实技术,是指利用计算机创造的模拟环境,是一种交互式仿真的三维动态情境,能够使用户"如临其境",沉浸到该环境中。数学的学习往往抽象枯燥,不易于直观理解,而采用虚拟技术让虚拟现实的学习环境更具沉浸感,将学习变得和做游戏一样简单,增强学生的现实体悟感,提高数学学习趣味,提升数学学习效果。再次,人工智能加速了自适应学习软件的应用,使学生的个性化学习成为现实。自适应学习系统可能包含"能力测量""能力训练"以及"能力追踪"等方面,学生通过使用人工智能软件观看在线课程,掌握必要的知识点并加以联系,为学生的每一步学习提供及时的学习反馈,并针对学生对数学知识的掌握情况,给出更具体、更细致和更个性化的学习内容,从而实现模拟"一对一"辅导·借此,更好地跟踪、适应每个学习者的学习特征,节约学习者的时间,提高学习效率。最后,在数学教育教学的实践中,教师的素质与耐心亦至关重要。教师的能力直接影响了学生的学习水平,在人工智能的帮助下,教师可以通过平板电脑和一些专业的 App 软件,对学生的作业进行更为细致的批改和做出更为清晰的试卷分析,让智能软件做一个"智能助教",而学生的作业也可以通过自己的电子设备提交给教师,由软件对学生作业进行批改、评价,实现课后教学反馈。这样不仅将大大减轻教师的工作量,使教师有更多的精力和时间研究教学内容和教学方法,而且能够帮助教师及时进行知识更新,在知识爆炸的时代更好地帮助学生在数学学习中谋求进步。

五、工程教育

随着人工智能时代的到来,我国创新驱动发展战略的实施以及高等教育深化改革以及"双一流"建设的快速推进,建设工程教育强国、培养创新创业型卓越工程技术人才,成为当前我国高等教育机构新的使命和价值追求。当前,我国工程教育的首要发展重点就在于创新,这就要求在高校的工程教育中更新传统的教育理念与手段,努力将人工智能应用于工程人才的教育中,迎接经济新常态所带来的挑战,培养具有创新创业精神、态度、知识和技能的新工科人才。在此背景下,我国应势提出了"新工科"建设战略,其首要目的在于为我国在日趋激烈的全球竞争环境下获得竞争优势,尝试紧跟时代潮流,把发展人工智能教育与工科人才培养结合起来。目前,我国各高校在各项国家政策的支持下,开始实施"人工智能背景下新工科"建设,并把创新创业教育融入"人工智能背景下新工科"教育,力图培养符合"中国制造2025"和创新驱动发展战略需求的工程技术人才,这已成为当下我国高等教育机构建设与发展的重要目标。

长期以来,创造力、冒险精神、变革意识、领导力、沟通能力和批判性思维能力等是学生在竞争日趋激烈的全球化背景下谋求生存、获取自身发展的竞争优势的必备因素。然而,当前的工程教育中的创新创业思维、态度、技能和知识等相关的内容,尚未充分体现在高等教育机构的课程设置和教学活动中。因此,政府、企业和高等教育机构必须加大资源投入,发展个体的人工智能技能,努力构建人工智能增强型的社会体系。人工智能作为研究新手段融入工程教育中,对于我国未来的创新创业发展有着深刻的含义。我们可以把"人工智能背景下工程教育"的本质和内涵理解为:工程教育在人工智能时代对于当前社会所需的新科技革命的贡献。新产业革命和新经济模式的更新,是一种理想的战略与选择,其目的在于培养学生的创新创业思维、态度、知识和技能,打造新型工程技术人才(如成功的创业者、实践性强的高级工程人才),以支撑我国创新驱动的发展战略,为我国经济发展注入新动能。因此,高等教育机构应发展人工智能一级学科,并把人工智能教育更加全面、深入地融入工程教育建设行动中,创新学科和专业建设理念与实践,以创新创业为发展目标,培养人工智能时代的新型工程教育教师,全方位地发挥工程教育对全社会的创新价值。

六、信息技术教育

自 20 世纪 70 年代,信息技术教育逐渐以一种新兴课程出现在基础教育课程中,并力图寻找适合自身发展的课程体系,提高中小学信息技术素质教育的效率成为其教育发展的核心目标。受客观实际的限制,中小学教师和学生都很难对信息处理对象产生深层次的认知,在缺少反思"信息"所表征客观事物的准确性、可靠性、真实性和完备性的情况下,教学只能更多地关注于信息处理工具,学习过程变成了"拥有""学习"和"应用"信息技术工具,新颖和独到的作品成了标榜个体信息素养和能力水平的证据。中小学信息技术教育逐渐呈现出一种"重视工具、忽视目的"的信息素养教育的现状,其弊病可见一斑。

由于信息素养发展受限,很多国家也开始着重思考信息技术教育教学的新突破。一般来说,智能是指人类大脑的高级活动,包括自动获取与应用知识、思维与推理、问题求解与自动学习等方面的能力。虽然当下各国对计算机思维的探讨与实践还不够充足,研究成果也尚未产生重大的社会影响,但在人工智能研究中我们可以看到,每当有了新的突破,都会引起轰动,很多媒体开始宣称:一个全新的人工智能时代到来了。人们开始惊叹新一代人工智能。机器人、语言识别、图像识别、自然语言处理和专家系统等人工智能的典型应用,成为关注的焦点。人工智能在社会各个领域都占据着十分重要的地位,各政府部门开始认真探讨如何应对人工智能时代的到来,教育领域也开始定位人工智能时代的教育,一个重视促进个体智能发展的新教育即将来临。

在人工智能的支持下,信息技术教育在未来必将朝着更具操作性与实践性的方向发展。因而,基础教育领域的信息技术课程应尽可能将当前的信息化生活状态及应用情境作为培养学生技术实践的重要内容,让学生在学习过程中更注重知识习得,并与社会实践建立紧密联系,让学生参与丰富多彩的信息技术生活,接受锻炼,从而获得更为深刻的现实体验与感悟。在人工智能的协助下,慕课等线上课程的扩大化,对于开阔学生在信息技术学习中的视野、提高学习热情、增强此类学习兴趣等都有着重大的推动作用。因此,学生的信息技术所受到的种种限制会逐渐突破,最终适应大数据时代,最终成为高素养的信息化技术公民。

第二节　人工智能背景下的教育要素

人工智能给社会带来全面的影响,社会的各个领域都逐渐将人工智能融入自身的领域系统内,教育也不例外。人工智能时代的来临,给学校教育注入了新的活力,影响着教育要素的发展与变革。下面将从教育内容、教育目的、教师、学生四个层面具体分析人工智能给教育发展带来的影响以及其对教育变革的实际价值与现实意义。

一、人工智能影响下的教育内容

就教育的内容而言,当前人类正处于一个知识爆炸的时代,知识更新的速度远远超过人类学习的脚步,也就是说,如果我们以当前的社会需求去教授学生知识,那么很有可能当学生步入社会之后,其在学校所学习的内容将会被淘汰。知识的更新加速,使其不再以固定的姿态出现在人类生活中,这就要求学校的教学不应该仅仅关注知识本身,还要关注人类知识的长久更新,能够紧跟时代步伐。"什么知识最有价值"的问题就成了新时期教育发展所不可避免要关注、探讨和解答的问题。就目前来说,人工智能无疑成为这一问题最有力的解决方式。因此,教育的内容就需要在人工智能的协助下,为学生提供那些经过筛选、加工和创造的具有"普世价值"和学科发展价值并能推动学生长远发展的知识。

在人工智能时代,教学内容突破了传统的课程和教材,云课程、数字教材、虚拟课堂和同步互动课堂等也不再是传统意义上的教学资源,而已经成为教学内容的一个非常重要的组成部分。尤其是计算机相关专业,人工智能已经成为重要的课程内容。因而,课程和教材就应该依据教学目标,从而回归基础要求,在剔除陈旧的经验性的知识和凌乱的碎片性知识的同时,着重阐明学科的基本概念、基本结构和基本方法,从而构建全面深入的知识体系。除此之外,适应未来不断变化和时刻面对不确定性的学习型、创造型人才是未来社会最需要的人才。因此,在日常教学活动中更要注重方法论的学习,教会学生如何学习,达到"授人以鱼,不如授人以渔"的教育目标。力图打破传统的统一教材,以教会学生学会自己学习、自我创造。总而言之,要根据学生的天赋、潜能、个性和兴趣来设计个性化的教学内容,未来的教学内容势必会向着去标准化、个性化和定制化的方向发展。

在人工智能影响下,随着各学科之间交流日益频繁,教育内容逐渐走向了跨学科化。其根本目的在于帮助学生以跨学科的意识进行学习,最终通过学科间的融合学习来解决现实生活中的实际问题,最终培养出能适应时代发展的创新型实践人才。在这样的时代中,知识与信息处于急剧增长的发展态势,更新速度十分迅速且很容易过时,如果教学的内容还局限于以掌握尽可能多的学科事实为目的,不仅不可能实现教育的目的,而且对于学生学习和发展也毫无裨益。现存的分科教学的方式将人类知识分为相互割裂与独立的碎片,这样碎片化的知识虽然有利于学生的记忆与储存,但阻碍了学生主动探索和了解事实背后真相的兴趣,这很不利于知识的活学活用。同时,我们要注意到,即使对学科进行了分科,但按照现在的分科科学来讲,其教育内容涉及很多领域的知识。例如,同样看到一栋大楼,不同专业的人的认识和看法不同。这样的事实既可能是一个物理现象,又可能同时是一个数学问题,还可能是一个社会问题。因此,学生的探究活动就应该是整合的,所接受的教育内容也应该向跨学科的方向发展。未来,无论是科学家,还是教育家、企业家或政府官员,要成为社会和人类需要的人才与领袖,就需要掌握跨界的智慧。所有领域未来都是跨学科和联合发展的,全部是可以互通互学的,然而这互通互学的语言就是人工智能。因此,人工智能的教育内容就要求向着整合的方向发展,同时通过人工智能所创造的智慧环境、智能工具使跨学科融合学习的活动变得更加便捷快速。但我们在此过程中也要考虑到,跨学科的教育内容并非多个学科的简单叠加,而是要将一个主题活动融合成一个整体,让学生在探究活动中得到知识的升华。跨学科教育内容的本质是一种思维和意识,将学科与其他学科和生活连接起来,从而构建一种相互促进、相互沟通的新结构帮助学生充分理解学科逻辑,在不同学科之间建立互助联系,最终在跨学科意识的推动下提高学生的创新能力。

师生共同创生的教育是人工智能发展下教育内容的一大重要变革。教学内容的创新取向和人工智能时代的特点要求在教学过程中要尽可能摆脱既定知识的限定,将教学变为一个共同创造的过程。新时代信息的高速流动、高频词的互动性使得教育知识的传播的平衡得到了新的突破,原先的教师教学生学的传统被打破,相对削弱了教育者的权威。教师作为知识的传授者的角色便显得越来越狭隘和不合时宜,取而代之的将是教师作为学生学习的组织者、引导者和合作者的角色。人工智能时代,不论教师或学生,每个人都应该成为知识的创造者和分享者。未来,师生、生生在共同合作、互助的探索中生成的问题将成为学校教育内容的重点。新时期的教育内容和教学内容的变革首先应该体现创生性,即需要不同于统一标准化教学的实践性与地方性,让教育的内容接地气,接近真实的学习。教育内容对教师和学生来说是一种实践的过程,强调在学习过程中的实践体验,在这种行为的实践过程中实现知识的创新。传统的教学模式下,教师是实现教学目标的工具,作为知识和态度传输、授受的工具;而学生也只是这些教育内容的被动接受者。人工智能的引入,使得教师和学生都成为课程的实践者,成为自身课程的创造者和建构者。教师和学生自身的经验、创意和探索得以通过新技术而放大,变为共同创造的课程的一部分,使教师和学生每个个体的自身参与课程的过程和经历本身成为课程。大数据的引入,能够改变师生生成意义的方式和师生创生文化的方式,使得教师和学生可以有效地认识与评价、关联与组合,甚至是发现与创生新知识。诸如此类的改变也终将使每个学生都成为自己学习的主体,使每个学生经历、实践着自己的课程,又共创、共享着学习过程。

二、人工智能影响下的教育目标

当前,相较于其他学科,在基础教育中开设人工智能课程,对地区的经济发展水平、学校的硬件设备、学生的起始知识与能力的要求更高。对于西部部分欠发达地区来说,开设人工智能课程的条件可能尚不完善;但即使是在发达地区,想要开展高质量的人工智能教育也需要克服许多困难,因为如果学生刚刚开始接触人工智能,那在教育过程中就很难进入人工智能的开发与创新层面。很显然,一个地区的经济发展状况对于一个学校的硬件设备、学生起始水平的限制都有着极大的影响,因而,各地各校甚至是每个学生在人工智能教育中所要达到的目标应该是不同的,这就形成了我国基础教育阶段人工智能教育目标的分层体系。而每个地区、每个学校、每个学生在开展人工智能教育时,不应盲目地追求同一目标,而应"对号入座",找准自身在分层目标体系中的位置,有区别地发展,直到最大发展。我们可将基础教育的人工智能下的教育目标分为以下几个层面。

首先是初级水平,主要目标应定位于经验。这是针对经济水平、硬件设备、起始知识和能力都不具备的学校的学生的情况来说的。开设人工智能课程,最主要的目的在于让他们了解社会科学技术发展的前沿知识,并在知识了解的过程中对社会的变化有所经历,不再是"不知有汉,无论魏晋"。因此,具体来说,这一层次的教育目标是:通过了解有关人工智能的基本概念、不同类型知识的不同表达、专家系统的基本结构、解释机制和解决问题的基本思路、人工智能语言的大致情况以及信息的搜索等方面的知识,体验人工智能对于学习者本身、学科学习以及社会三方面的作用。第一,人工智能的本质含义是要让机器学会像人一样思考。第二,求解一道新的题目,作为新手可能会束手无策,而对于一个从事教学工作多年的专业教师来说,可能很快就会在头脑中产生解题的基本思路。第三,如果机器也能思考,会不会出现某些影视片中所描绘的诸如人类最终成为机器人的奴隶之类的情况?机器是为人服务还是最终变成人为机器服务?面对诸如记忆力等方面机器优于人类的情况,我们应该怎么看待?应该做些什么?未来的生活是怎样的?……对于这些问题的思考,学生一方面可感受人工智能技术对人类学习、生活的重要作用,体验人工智能技术的丰富魅力,增强对信息技术发展前景的向往和对未来生活的追求。

其次是中等水平,即指体验与技能并重。对于具有中等水平的经济状况、硬件设备、起始知识和能力的学生,则应提高到体验层面,并且是一种基于其技能发展的体验,这也是人工智能课程的独特性所在。对于这一层次的人工智能教育来说,现实条件限制了它不可能指向开发与创新。换句话说,如果无视现实条件,一味地追求人工智能的开发与创新,只会让学生体验"捉襟见肘"的失败感。但如果能够将人工智能教育过程中所学到的技能、方法、策略等运用到其他学科的学习或问题的解决中,则对学生来说受益颇丰。对于知识与技能的追求,这一层次的目标不能仅限于对某一概念的定义层面的理解,而是要求学会知识表达的基本方法;了解一种人工智能语言的基本数据结构和程序结构,会使用一种人工智能语言解决简单问题,并能够上机调试、执行相应的程序。通过实例分析,知道专家系统正向、反向推理的基本原理;会描述一种常用的不精确推理的基本过程;了解用盲目搜索技术进行状态空间搜索的基本过程。

最后,是高级水平状态,即指向开发创新的教育目标新课标中要求对有特长的学生进行有针对性的教学。对于一些基础较好、能力较强的学生,如果学校的硬件设备许可,可以进行因材施教,逐步导入开发与创新工作。这一阶段的教育目标不仅限于书本知识的了解和掌握,而更多的是以此为基点,以新观念、新视角对原有知识进行改造和创新,并将它们付诸实践。我们要清楚地认识到:现实条件越好,人工智能课程的特色也应越强,技术的分量也应越重,开发与创新的味道也应越重,体验所涉及的层面也应越深。

三、人工智能影响下的教师

在人工智能环境下,对教师的工作有着前所未有的挑战,这种挑战不是经验的传授,而是经验的建构。首先,对经验内容进行审视。人类的经验世界不同于生理组织,大脑内部经验活动的内容无法使用设备直接探测。因此,人类的行为数据在分析和洞察学习者方面依旧具有无可撼动的地位。在学校教育范畴内,从实践层面上讲,技术对教育的影响只有通过个体水平的改变才能提升整个群体的水平。所以,"广积粮"是当前大数据的特点,不仅数据价值密度低,还面临隐私侵犯的风险;"深挖洞"则是未来大数据的特点,表现为数据来源的选择性和典型性以及数据维度的丰富性和追踪的长期性。由于学习者的经验内容彼此均不完全相同甚至差异极大,对未来的教师而言,对学习者的真正理解和有效教导将在个体层次上深入开展,朝向真正的"个性化"教育。其次,对经验原理进行合理建构。不论是人脑还是通用人工智能系统的记忆中,既不存在绝对保真的知识,也没有一成不变的真理,有的只是在开放环境下随时接受挑战的经验。事实上,智能主体经验空间的可塑性,决定了主体接受教育的必然性和必要性。在细节上,经验具有陈述和主观判断两个维度。其中,知识描述可以成为经验的陈述,主观判断由证据累积的"正确率"和"可信度"共同表征。尽管可信度通常随支撑该信念的正面证据的增加而提升,但是也有对少数证据进行泛化强化导致正确率不高但可信度极高的"似懂非懂"的情况。因而,未来,教师需要借助知识空间、内隐测量、无意识测验等技术探查学生经验背后的真实主观判断。

四、人工智能影响下的学生

人工智能给学校的学生带来更丰富多样的网络资源以及日益成熟的人工智能技术,正是在这样越来越快速、便捷的技术支撑下,学生可以进行适应性、个性化的学习,而不被局限于正规学校里发生、进行的传统学习。第一,借助"网脑"搜索所需要的任何领域的知识。维基百科、百度百科等网上知识库的内容几乎可以说是无所不包,并且准确性、正确性和及时性越来越高,其可以提供与任何学科有关的资料。第二,借助机器翻译系统阅读和学习外文资料。随着我国国际化程度的进一步提高,经济、社会、教育、文化、体育等各个领域的国际交流日益广泛,需要我们阅读一定的外文资料。当前网上多种语言翻译系统的翻译效果越来越好,可以帮助我们翻译单词、句子和篇章,并提供词汇解释和例句、合成语音等辅助学习功能。即使没有学过某种外语,我们也可以了解该语种资料的大致含义,打破了时空的限制。第三,借助语言技术学习外语。比如,使用"批改网"等系统提交英语作文,在得到系统即时反馈后多次修改拼写、语法和修辞等错误直到满意为止,借助"英语流利说""英语模仿秀"等系统学习英语发音。第四,借助智能机器人学习编程,培养计算思维和创造性思维。各具特色的智能机器人系统为学习者提供了与硬件配套的可视化、模块化编程环境,如 Scratch 等。这便于我们学习控制机器人的传感器和行动装置,学习顺序、分支、循环等程序结构和并发计算,并在此基础上发挥我们的想象力和创造力,设计、搭建、开发出富有创意的作品。第五,借助智能教学系统进行某个学科的深入学习。比如在数学方面,可以借助"数学盒子""洋葱数学"等智能学习平台,找到与本人知识阶段相应的内容,或者借助平台的自动推荐功能,深入学习代数、几何等某个领域的知识,通过平台的自测功能看到自己的进步与不足,甚至是具体形象的学科画像,然后继续学习系统推荐的微课,或者阅读材料等内容,或者参与系统推荐的练习,直到自己牢固掌握这些知识为止。第六,用适合自己学习风格的方式进行学习。学习风格作为影响学生学习的一种个性化要素,受到教育研究者的广泛关注。不同学习风格的学习者,会对一定的学习媒体产生不同的偏好。智能教学系统会根据学生在学习过程中所分析得出的数据以及通过调查反馈的结果,确定学习者的学习风格,并据此向学习者推荐合适的学习媒体、方法与路径。

  总之,为学生创造一个处处可以借助人工智能技术的学习环境,最终形成一个和谐的人机交互融合的学习生态环境。作为研究者,我们可以如此期许,在不久的将来,人工智能技术可以创造出更加个性化、适应性、服务于终身学习的智能普适学习环境,在这个环境中,任何人,不管想学什么、在什么地方都可以学习;学习可以是个性化的,智能教学系统就像教师一样在旁边辅导;学习也可以是社会化的,就像在传统教室里一样,有竞争也有协作。

第三节 人工智能背景下的教育主体

一、教师:积极探索人工智能助推教师队伍建设的新路径

(一)人工智能助推教师队伍建设的三大缘由

一是因为教师是推动智能教育实施的关键因素,没有教师观念的转变、能力发展就很难实现传统教育向智能教育的跨越。国务院印发了《新一代人工智能发展规划》,部署了发展智能教育的战略,旨在利用智能技术加快推动人才培养模式、教学方法改革,构建包含智能学习、交互式学习的新型教育体系。开展教学、管理、资源建设等全流程应用,开发在线学习教育平台和智能教育助理,最终建立以学习者为中心的教育环境,提供精准推送的教育服务,实现日常教育和终身教育定制化。二是国务院印发了《关于全面深化新时代教师队伍建设改革的意见》,兴国必先强师,面对新形势下我国踏上的新征程和背负的新使命,教师队伍建设还不能完全适应,因此亟须革新教师培训方式,推动信息技术与教师培训的有机融合,实行线上线下相结合的混合式研修,提高教师队伍建设的层次和质量。三是为了响应教育部启动的《教育信息化 2.0 行动计划》,该计划将大力提升教师信息素养放在重要位置,启动了"人工智能背景下教师队伍建设"的行动,旨在推进人工智能创新教师治理、教师教育、教育教学、精准扶贫的新路径,推动教师更新观念、重塑角色、提升素养、增强能力。综上所述,实现教师队伍建设与人工智能的融合,实施人工智能助推教师队

伍建设的行动迫在眉睫。

(二)人工智能助推教师队伍建设的五大应用

人工智能助推教师队伍建设当下主要应用在教师智能助手应用行动、未来教师培养创新行动、智能教育素养提升行动、智能帮扶贫困地区教师行动和教师大数据建设与应用行动。教师智能助手应用在于可以提高教师工作效率,能够与教师合作制定教案,批改作业和与学生互动,降低了教师的工作强度,提高了工作效能,有利于其进行创造性的教育教学活动。未来教师培养创新行动需要联合中小学与重点大学创办新一代信息化教师实验班,从人才培养的源头入手,打造一支专业化的人工智能教师队伍,在培养方案和课程设置上充分安排人工智能的内容,探索培养具备运用人工智能等新技术能力的新教师。智能教育素养提升行动在于帮助教师学习应用人工智能技术,以改进教育教学能力,再从中选出一批信息化管理能力较强的优秀校长、信息技术应用能力较强的骨干教师,作为其他各地参观学习的标杆。智能帮扶贫困地区教师行动是教育发达地区高水平学校与偏远贫困地区学校建立一对一帮扶模式,通过互联网技术实现远程同步智能课堂,还要鼓励能够应用人工智能手段的教师以多种形式到贫困地区任教,革新当地的教育理念和教育模式,通过优质课程和人才的同步共享,助力贫困地区教师发展与学生成长。教师大数据建设与应用行动可以通过收集教师在教学、管理和科研等方面的信息实现,建立教师信息数据库,并将其与教师网络研修平台等系统对接,根据教师平时的教育教学特点有针对性地推动研修资源,不仅有利于教师的特色化发展,还优化了教师管理流程。

(三)保证人工智能助推教师队伍建设顺利推进的四大举措

为保证人工智能助推教师队伍建设的顺利实现,纵向来说,各级教育行政部门要上下联动,教育部的重点在于组织制定宏观政策和实施的标准与规范,并对各地加强工作指导,地方各级教育行政部门要进一步健全工作领导体制,为实现该目标提供体制与机制的保证。另外,横向来说,各教育部门要做好协调与配合工作,汇聚工作合力,提高办事效率。一是担任好组织引导的角色,教育部将切实做好试点工作的统筹规划,在全国范围内选出基础好的市县和中小学校建立实验区和实验校,遴选基础好的大学建立实验基地,引进信息化和人工智能等领域企业或专业机构,参与技术创新、产品开发、平台资源建设,强化外部资源整合。二是强化经费保障,除了教育部出资之外,还要多渠道多方式筹集资金,地方政府要加大对教育财政的投入力度,鼓励本地优秀企业家投资人工智能产业。三是加强专家指导,教育部将在相关企业、大学和科研机构遴选出人工智能教育教学、人工智能管理和人工智能研发等相关领域的专家,成立负责方案研制、指导与监控的专家组。四是做好督查落实,针对试点区域成果的检测,教育部将采取专项督查和第三方评估等方式,对工作进行检查评估和验收,发挥好"督导评估、检查验收、质量监测"的职能。

二、学生:实践素质教育以培养全面发展的学生为目标

(一)人工智能时代须重点培养学生五种高阶认知能力

在机器能够思考的时代,教育应着重培养学生的五种高阶认知能力,即自主学习能力、提出问题的能力、人际交往的能力、创新思维的能力及筹划未来的能力。人工智能时代知识的获取、知识和能力的培养以及教学的模式都发生了突破性的变革,知识不再具备封闭性,互联网技术让知识实现了共享,人人都可以通过互联网获取海量的知识,知识不再单一地由教师传授,帮助学生寻找获取知识的途径,培养筛选知识的能力变得至关重要。同时教学模式也出现了颠覆性的变化,教学的主体从教师变成了学生,教师不再是教学过程中的唯一中心,通过教师智能助手的应用可以有效提高教学的效率,还可以通过跟踪学生的学习过程,发现学习的难点和重点,再针对性地提出解决方案,真正实现因材施教与特色化教学。同时调动学生的主观能动性成为教学的重点,培养学生制订学习计划、安排学习内容、检测学习进度和组织小组合作学习等学习能力也成为教育教学的新目标。综上所述,在人工智能时代,如记忆、复述、再现等低阶认知技能的重要性会下降,而高阶认知能力的重要性会更加凸显,因此在教

育教学目标的制定,教学模式的变革和教育结果的评价上都要体现高阶认知能力的要素。

(二)人工智能时代须重点培养学生四大素养

随着人工智能的快速发展,中小学生将首先面临巨大挑战,人工智能作为影响社会方方面面的颠覆性技术,会对学生的生活与学习产生重大影响,学生在家庭生活、外出旅游、朋友社交等社会活动和学校生活等学习活动中都将体验到人工智能的环境与产品设计。因此,为加深学生对人工智能的了解,提高对人工智能的应用能力,重点须培养学生的终身学习素养、计算思维素养、设计思维素养和交互思维素养。终身学习素养,主要基于人工智能时代需要更强大和持续的学习力,人工智能技术的演变是无穷无尽的,想要跟上时代变化的步伐就要改变过去"前半生学习,后半生工作"的旧观念,树立终身学习的理念,推动学习型社会的建立;计算思维素养,主要基于学习和理解人工智能,与人类相比人工智能的工作运转思维模式主要呈现高度逻辑化和精细化的特点,而熟练运用人工智能的首要原则是要了解熟悉其工作模式,因此培养学生的计算思维显得至关重要;设计思维素养,主要基于人工智能时代学生执行困难任务时需要创新传统路径,优化相关要素,改变组合路径以达到产品的理想状态,因此,需要培养学生的设计素养,引导学生学会抉择、学会组合、学会判断;交互思维素养,主要基于人工智能时代学生交往方式的变化,由于网络交流比重的日益增大,人际交往的节奏变得更快,人际交往的圈子变得更大,因此,培养学生的移情能力、共享能力、协商能力和媒体素养占据了举足轻重的地位。

(三)人工智能时代须重点培养三种学习方式

人工智能时代学生成为知识获取的主导者,成为学习过程的主体,提高学习效率和质量的关键在于学生自我学习能力的挖掘,而且人工智能技术的开发对学习任务提出了更高的要求,学生不仅要学习知识,还要学会与机器互动。北京景山学校计算机教师吴俊杰认为,按照现代学习理论,根据学习中智能匹配的不同方式,可以分为基于问题的学习、基于项目的学习和基于产品的学习三种形式。基于问题的学习,主要适用于学校课程,它倾向于通过学习知识解决问题,是学习的最低层次。基于项目的学习产生的是一个方案,这种学习形式更加贴近生活,学习的环境也不限制在学校范围内,而需要学生组织一定的社会调研和观察。基于产品的学习具备较为完整的程序,从问题的挖掘、问题的提炼、产品的设计到产品的实施等环节都需要学生的亲自参与,还有可能将产品转化成全人类的共同财富,是最高阶段的学习层次。

三、学校:开展智能校园建设,促进教育信息化

(一)人工智能加速推动数字化校园建设

随着人工智能技术的不断推进,智慧校园的建设将进一步完备,信息化技术将充满校园的所有角落。教育教学环境产生了颠覆性的变革,教室里除了黑板之外,四面墙壁都带有智能显示屏,每个位置的学生都能与教室实现实时互动,投影仪等多媒体技术在教学中的应用也将更加完善。学生的课桌也将实现升级,课桌与黑板实现联合,学生可以在不离开自己位子的前提下让教师接收到个人的信息,教师也可以通过总控制台随时检测与指导学生的学习过程。学校中图书馆、体育馆和实验室等也需要重构,以个性化、便捷化、复合化的理念设计,让每个学生都能获得合适的平台和指导。未来的智慧校园将呈现出这样一幅图景:当学生踏进校园就可以完成签到,离开校园自动告知家人,进入教室多媒体设备已经开启,身体不适发出报警求助,上课开小差收到友情提醒,练习测验后生成学情分析报告。

这些场景的实现也标志着校园物理环境、教室教学环境、网络学习环境已经充分融合,实现了从环境的数据化到数据的环境化、从教学的数据化到数据的教学化、从人格的数据化到数据的人格化转变。

(二)人工智能打造充满温度的校园环境

随着经济水平的不断提高和对教育经费投入的加大,部分地区校园的校舍、实验楼、体育馆和操场等设施的建设呈现出同质化的现状,难以

体现不同地区、不同风土人情、不同级别和不同类型学校的特色,而且建筑内部也缺乏人性化的设计,只是一味重视数量和规模的扩大,难以体现对学生的人文关怀。有温度的学校在办学理念的制定上,就应该立足于该校的定位、管理者的风格和学生的特点;在学风的建设上,鼓励各个班集体制定班规班风,班干部带头做好榜样;在学习过程中,要充分体现人性化和智能化,摒弃差生和优等生的分级观念,对于学习进度较慢的同学要因材施教,对于需要接受特殊教育的学生,人工智能技术可以分析其智力和学习能力,充分开发适合其学习的课程,为其配备专门的人工智能教师助手,提高其学习的积极性。同时,还可以充分利用人工智能技术为学生提供虚拟学习环境,让学生可以体验身临其境的学习环境,在虚拟情境中锻炼其在线获取信息、发现问题和以人工智能算法为基础提出解决问题方案的能力,还可以利用智能教学系统匹配适合学习者情感状态的最佳形式,促进学习者情感状态的转变,保证学习过程中学生深度投入。

(三)人工智能优化教育管理能力

与人工智能管理模式相比,传统的教育管理模式具有效率低和精细化不强的弊端,在一些城镇大班额的班级和偏远地区教师紧缺的情况下,教师没有精力和时间及时、全面地掌握学生的个人信息和学习记录,给学生成绩的分析和个性化学习方案的制订等过程带来了不便,然而基于大数据的学生管理系统的建立可以及时接收学生的学习数据并搜集从小学到大学全过程的学习数据,再根据学生的年龄和学习成绩等各类信息制定反馈,解释和预测学生的学习表现,有利于教师了解学生的学习状态,调整教学策略和学习目标,达到提高教育质量的目的。对于学校管理者来说,人工智能技术能够构建全方位复合型管理形态,创新信息时代教育治理新模式,开展大数据支撑下的教育治理能力优化行动,填补当前教育管理中的一些短板,优化管理过程,提高管理效率。综上所述,人工智能技术可以根据可视化的师生、生生关系,以及数量化的师、生影响力指数,学习管理者在人工智能助手的支持下做出相应的教育管理制度调整,建立相应激励机制,大力加强教学推进工作;建立相应教学资源调控制度,合理规划资源并提升教学效果;建立相应的校内师生申诉制度,及时反馈并解决教学困难。

第四节 人工智能背景下的教育活动

一、人工智能虚拟学习助手

(一)人工智能虚拟助教

由于在教学过程中,助教所发挥的就是为学生解答疑惑、制订计划等功能,这些工作多为简单机械重复的脑力工作,因此,人工智能可以逐渐替代助教业务。机器会跟着学生进入学校,监控他们的学习情况、学业压力以及身体健康,制订学习计划并指导他们下一步应该做什么。每一个教师都可以有一个虚拟助教,因为教师只有一双眼睛、一双耳朵、一个嘴巴,不可能观察、管理每个学生,但是机器可以变成千里眼、顺风耳帮教师观察每一个学生。帮助教师完成课堂辅助性或重复性的工作,如上课点名、批改试卷、考试监考等,还可帮教师收集整理资料辅助备课、教学和课堂管理,减轻教师的负担,提高工作效率。人工智能助教一方面可以汇聚每个学生的学习态度、学习风格和知识点掌握情况等信息,使教师能够精准地掌握学生个体的学习需求;另一方面还可以统计班级整体的学习氛围状况、薄弱知识点分布和成绩分布等学情信息,使教师能够精准地掌握班级整体的学习需求。基于此,最终为合理规划教学资源、恰当选取教学方式提供专业指导意见,实现教学过程的精准化。同时,人工智能虚拟助教还可以应用于在线网络课堂中,由于在线课程的学习者数量众多,并且地域广,所提问的问题数量也相对较多,同时也会因学习者所在地域的不同造成时间上的差异。针对这些现实的问题和困难,人工智能虚拟助教就成为助教的最佳选择,人工智能虚拟助教不仅可以为同学们解答并给予指导,而且准确率也较高。

（二）人工智能虚拟陪练

每个学生都有一个机器学习陪练，可以帮助学生整理学习笔记、发现学习中的问题，为学生快速地找到所需要的学习资源，或是针对性地推荐学习资料，协助学生管理学习任务和时间，提高学生学习效率。课后练习的反馈对于学习效果的提升非常重要，而数据化程度最高的环节也就是课后练习。不同类型的学习内容需要的教学方案各不相同，如理论性的学科的练习更加容易智能化，但是与实践相关的科目，如美术、体育和音乐等往往需要搭配人工智能硬件来达到学习效果。此类产品如"音乐笔记"就是音乐教育领域的陪练机器人，智能腕带和 App 结合，利用可穿戴设备和视频传感器，对钢琴演奏的数据进行实时采集分析，并将练习效果反馈和评价呈现给用户。对于语言学习来说可以为他们量身打造个性化的人工智能虚拟陪练，通过智能算法，深度分析学员学习行为与学习数据，使得课程内容能够有针对性地由浅入深、循序渐进。总之，人工智能技术可以用来模拟真人一对一的辅导，充当学习者的虚拟陪练，及时为学习者匹配最符合其认知需求的学习材料和活动，并提供有针对性的实时反馈，让学习者自主掌握学习进度，帮助学习者培养自我时间和精力管理的能力，或用教学策略辅助学生的学习，帮助学习者应对挑战，从而找到自我学习的最近发展区。

（三）人工智能虚拟专家

人工智能专家是指，在某个自己擅长的领域能够熟练地运用数字化的经验和知识库，解决以往只有专家能够解决的难题。人工智能虚拟专家系统结合了人工智能和大数据，具备自我学习和综合分析的能力，专家系统可以获取、更新知识，而不再只是不变的规则和事实。人工智能专家可以帮助学习者和机构诊断、分析、预测和决策，这类企业在当下的市场上可以分为两类："职业规划＋教育"和"专家批改＋教育"。前者类如"申请方"——基于大数据和人工智能，为面临升学、留学以及求职等情况的用户提供智能规划和申请服务的平台，帮助学生获取开放性的教育资源、实现高效率的学业发展、收获个性化的教育体验。后者类如"批改网"——是一个计算机自动批改英语作文的在线系统,为学生和教师提供智能的批改服务。智能测评强调通过一种自动化的方式来测量学生的发展,担任了一些人类负责的工作,包括体力劳动、脑力劳动和认知工作,且极大地缩短了时间、提高了精准度。通过人工智能技术而实现的自动测评方式,能够跟踪学习者的学习表现,并实时做出恰当的评价。人工智能专家系统在外语口语评测、考试阅卷等人工智能技术的支撑下,充分利用用户的学业诊断数据、用户行为数据,并根据学生的学习目标、学习情况、学习习惯以及对知识点的掌握情况,通过用户画像、资源画像及构建知识图谱,实现学习资料和学习计划的个性化推荐。

二、人工智能背景下 VR:实现互动场景式教育

(一)人工智能背景下 VR 实现的可能性

虚拟现实技术(VR)的主要研究对象是外部环境,而人工智能技术则主要是人类智慧本质的探索,人工智能技术能够提高虚拟世界的效果,以及用户的交互体验,对用户行为的反馈也将更加自然,将人工智能与虚拟现实相结合运用在教育中,想象空间是不可估量的,益处也是显而易见的。最初,我们学习只靠看书、识记知识点,这属于第一个维度;随后,多媒体教学进入课堂,我们将幻灯片、视频带入学习中,这属于第二个维度;而现在,虚拟现实技术则可以被视作第三个维度,即体验式学习,比此前的视频教学更丰富、更能让学生全部的感官都沉浸其中。所以,VR 能够让学生的学习效果在多媒体教学的基础上更进一步,这在理论上是显而易见的。VR 技术以其高度模拟真实现场、不受时间和空间的限制和高度交互性等特性,能够为学习者提供多种类型的虚拟学习环境和虚拟实验室供他们"身临其境"地学习、观察和探究,以沉浸性和游戏化的体验方式来极大地提高学生学习的积极性和兴趣。虚拟现实也有两种形态,一种虚拟形态是类似于你戴上诸如手套、眼镜等,然后给你另外一种感觉,戴上这些设备之后,你会觉得自己是在另外一个时空或环境,这是常见的虚拟形态,能够给人们一种虚拟现实的体验方式。另外一种是混合式的

远程视频技术,当你戴上这种眼镜设备以后,你可以去触摸身边虚拟的椅子,你可以将其挪开,这样的技术可以给你类似于错觉的感觉,带你到达一些对于人类来说很难到达的地方,比如海底或者火山里面。虚拟现实技术让课堂不再局限于小小的教室、桌椅和黑板,而是整个世界。虚拟现实技术创造逼真的数字模拟,让学生沉浸其中,而人工智能可以让场景中的人物摆脱以往僵硬沉闷的形象,拥有了一定的心智,甚至是别具一格的个性,并对自己的选择或互动做出反应。

(二)人工智能背景下 VR 技术在学科教学中的应用

在英语教学中,如果你学一些动物的单词,一个一个的动物从你眼前经过,有 3D 的狮子从你眼前走过,并且朝你吼叫,然后旁边有狮子的英语单词和音标,耳朵里还可以听到 lion 的发音,真可谓是调动了各种能调动的感官,多感官参与,而且在沉浸式的环境下,完全没有其他干扰,这样记忆单词的效率不止提升一点点。同时还可以借助一些英语单词学习方法和学习理论来构建场景,如空间位置记忆法、首句联想法等,这样确实可以提高单词学习和记忆效率。在地理教学中可以做一些宏观 3D 场景动画,如大家做得最多的天体运动场景和冰川场景,这些场景是最可能让你感到惊叹的场景,想象一下,你戴上 VR 眼镜,可以看到太阳系内八大行星的运转,那样的感觉,即使不做其他交互,你也会对科学产生兴趣,它也比 2D 资源有价值。还可以做一些微观的动画,如细胞分裂的动画、DNA 复制的动画。但要注意的是,其实有些动画用 3D 动画呈现就可以了,没必要做出 VR 互动的动画。在语文教学中,古诗词中的许多场景和我们当下的生活确实有很大区别,我们可以通过 VR 古诗词课件去呈现古诗词要表达的意境,在技术水平可以的情况下,最好做成中国风、泼墨画等风格的场景,这样更能让学生感受到古诗词的意境美。如李白的名篇《望庐山瀑布》中有一句"飞流直下三千尺,疑是银河落九天",这句诗对很多学生来说,理解起来可能会有点困难,因为许多人就没有登山的经验,那么我们可以做庐山的场景,或者是实地拍摄 360 度全景,或者是用 3D 软件建模,让学生戴上 VR 眼镜后,感受站在庐山瀑布脚下,感受仰望庐山瀑布的场景,这样肯定比教师讲解的效果好。

(三)人工智能背景下 VR 技术激发学生学习动机

教育的核心在于有效地激励学生,尽快形成学习中的"正反馈"。人工智能背景下 VR 技术在这方面有着得天独厚的优势,尤其在一些需要实际操作的情景中更是具有不可替代的优势。虚拟现实技术克服了教学场地的局限性,无论是听觉、视觉还是触觉,虚拟现实技术带来的逼真的感官体验使得体验者如同身临其境一般.虚拟现实技术可以将学生带入完全逼真的教学情境中,通过交互式体验,让学生在不同于现实的场景中进行学习,增强学生的感官和身心的体验感,获取愉悦感及满意度,从而调动学生主动进行学习,激发学习动机,增加学习体验与参与度。情境学习是激发学生学习动机的一种新的学习方式,它解决了传统教学脱离真实的问题,挑战传统教学场地所带来的局限性,通过设置与生活环境类似的场景,促进学生学习。虚拟现实技术的出现为情境学习带来技术支持,通过呈现个性化特征、丰富多彩的媒体形式和刺激性的对话促进学习者的学习动机。大量案例证明,虚拟现实可以给学生带来放松、愉悦、感兴趣等积极情绪,激发学生的内部学习动机。学生不出教室就可以认识世界,把学习变成一种兴趣。如在科普课上,学生就可以体验虚拟现实技术带来的学习乐趣。学生戴上 VR 眼镜模拟潜水员,他们可自由地游往任何一片水域,近距离观察体会每一个海洋生物的特征。相比二维图像,虚拟现实技术所带来的沉浸式教学使课堂变得更加生动有趣,更重要的是这种学习体验会激发学生的创造力和想象力,进而激发探求知识、世界的兴趣,提升学习的动机。

三、人工智能与教育评价体系的构建

智能评价包括人工智能在传统测试的各个环节中的应用。教育评价的过程本质上是把某种潜在特质(看不见、摸不着又确实存在的能力、素养或心理特质)用一种科学的方法进行量化,用数值来表示被试在该项特质上的发展水平。

（一）人工智能机器命题

传统的考试命题是由学科专家、教师或专业的命题人员，根据教学大纲、教学目标和教学重难点等进行设计的。命题质量是决定整个测评质量的关键因素，试卷难度还应当满足测试目的：选拔性考试通常偏难，例如高考，而达标考核的难度则依据相应标准来确定，例如中学毕业会考。一次传统的纸笔考试可能只需要 40 题左右，但在未来的考试中，要施行个性化教学首先要在教育评价上进行改革，需要给每个考生不同的试题，所需的题目数量与结构也就会同时发生变化。而且这种考试的频次往往较高，因此也需要更多的试题。传统的考试命题成本较高，耗费时间较久，且存在一定的错误率，而机器命题能大幅节约命题成本，提高命题效率。此外，出于安全性的考虑，由于机器命题没有泄露试题的风险，提高了一定的考试安全性。因此，机器命题在过去十多年里得到了较快的发展。尽管机器命题能节约成本，提高效率，但也存在一定的局限性。首先，命题过程仍然离不开命题专家对母题的选择和分析，可见机器明显离不开学科专家的辅助。其次，机器在设计干扰项时比较死板，机器明显依赖于设计的算法，很难具有变通性，只会依据母题的模板生成干扰项，而不会根据题目的特点重新设计。再次，由于开放性问题（如论述题、语文作文等）的标准答案设计与标准答案不同，开放性问题的答案具有多样性，且难以制定一套标准，因此机器命题目前也较少被用于此类问题。最后，机器命题十分依赖语料库。语文学科的语料库发展比较快，计算语言学的研究已经完成了对词的难度、词和词之间的距离等的量化，为机器命题奠定了良好的基础。而对其他没有成熟语料库的语言来说，好的机器命题则难以实现。但是，即使目前存在以上的不足，相信随着对人工智能技术的深入研究，人工智能机器命题必是未来发展的趋势。

（二）人工智能自动评分

这里将要讨论的评分不包括扫描仪读取答题卡，而是指在传统考试中需要由阅卷员进行打分的开放性问题，如口语考试、简答题、作文题等，这类评分对于阅卷员来说更有难度，且耗时更长。在普通考试中教师评分耗时耗力,例如全国性的大型考试,比如高考阅卷需要半个月才能完成,而机器自动评分可以节约时间和成本,大大提高效率。目前自动评分一般包括三个步骤:第一步,要把试卷上手写的文字转化为电脑可以读取、分析的文本。这一步依赖自然语言处理系统,需要运用到中文软件系统对其进行处理。第二步,分析文本。常用的分析方法有两种,一种被称为"隐含语义分析",另一种则是"人工神经网络"。所谓隐含语义分析,是指把被试的回答转换成数字矩阵,计算与标准答案矩阵之间的距离。这种方法多用于简答题。对于较长的回答,如作文,则更多使用人工神经网络。人工神经网络简单来说就是找出某本书的特征,如关键词出现的频率、复杂句式出现的频率、连接词出现的频率等,根据文本的特征来完成打分。在评定较长的回答时,先要让计算机去大量"学习"已经由专家完成评分的答案,每一种分值都需要一定数量的案例,完成评分特征的选取。最后一步就是打分。打分也有两种方法:分类和回归模型。当题目的分值较低时(如可能的得分是 0~5 分),分类法较为常用。计算机把被试的回答和已经学习过的不同分值的回答进行对比,把回答归入最接近的一组,就完成了打分。当题目的分值较高时(如高考中作文为 60 分),则多用回归模型,即通过机器学习已经由专家完成打分的大量案例,建立回归模型。新的文本特征作为自变量"X",通过回归模型,计算出最终得分"Y"。当然,自动评分还存在很多局限。一方面,机器学习的资料是不同专家的评分,本身就存在一定的不一致性,因此,自动评分的结果与人工评分还会有一定的差异。另一方面,自动评分也十分依赖语料库的建设,对于计算语言学没有深入研究的语种,就难以建立比较精准的模型。此外,自动评分在面对"创作型写作"时,往往很难给出准确的判断。

(三)人工智能与教育测评的未来研究方向

人工智能在命题和评分中的研究和应用还在不断推进的过程中。但不少研究者认为,目前的这些应用没有改变测评的基本内容和形式,人工智能测评还是不能离开教师和专家的帮助,机器只能起到辅助的作用,只不过在一定程度上降低了成本、提高了效率而已。当前的在线学习平台已经积累的数据,应该能够支撑研究者们进行更多的探索,突破原有的测评方式,例如应用学习过程中的行为数据完成测试等。研究者们开创了一个新的领域——"分析测量学",即通过大数据分析而非传统的考试,对学生进行测评。分析测量学仍然遵循测量学的基本逻辑:首先,要建立理论框架;其次,在学科和认知理论的基础上,进行新型"命题",即通过数据挖掘找到高相关性的信息,同时通过传统命题的思路赋予这些数据实践意义;再次,通过理论与数据结合的方式,对不同的行为进行评分;最后,运用测量学模型估算被试的能力,这种"分析测量"将改变测试的场景、命题和评分方式,给测量领域带来更具深远意义的变革。基于人工智能技术的分析测量学作为一种新兴的研究方向,拓宽了人工智能在教育领域的应用范围,为真正个性化定制学习提供了诊断基础。

第五节　人工智能背景下的教育平台

当前,全球正在进入第四次工业革命,即以人工智能、清洁能源、机器人技术、量子信息技术、虚拟现实以及生物技术为主的全新技术革命。从2015 年开始,国家广播电视总局就开始部署智慧广电,当时智慧广电的本质是新兴技术与广播电视既有优势的高度融合,是广播电视数字化、网络化、智能化的新发展要求。2018 年 5 月,国家广播电视总局再次提出要求加快智慧广电战略的实施,大力推进有线、无线、卫星传输网络的互联互通和智能协同覆盖,大数据、云计算、人工智能等新一代信息技术的广泛应用,不仅给广播电视领域带来前所未有的深刻革命,同时也给广播电视传输所覆盖的事业带来研究的机遇与挑战。

教育是人类社会发展的基石,在资本寻利的推动下,人工智能在教育领域的渗透应用势不可挡。在人工智能时代把人工智能与教育有机融合起来,充分发挥人机两类智能彼此之长,打造更强的"教育合力"是时代之需求。我国教育当前所面临的一个重大困境就是发展不平衡,教育发展水平特别是在教育资源配置上存在明显的东西部以及城乡差距,二元结构明显。在人工智能时代到来之际,政府提出要在教育资源有限的条件下,通过开发数字教育资源以及提升数字教育服务供给能力等教育信息化手段缩小区域之间的教育差距,从而促进教育公平。在教育资源既定并且不足的情况下,实现教育公平最为至关重要的是合理的资源配置,人工智能能够提供智能平台让不同地区的学生拥有相同的教育资源。人工智能平台能让学生享有优质教育资源以获得自身的充分发展机会,把教育资源的共享做到最大化。通过基于人工智能的共享教育,使经济社会发展水平不同地区的学生能够共享最为优质均衡的教育资源,不仅推动教育的区域均衡发展,还提高教育资源的利用率,对实现我国教育公平有着极其深远的影响。

一、人工智能平台的含义

现代意义上的人工智能,就是用计算机解放人,做人应该做的智能化的工作,实现更高层次的应用。也就是说,人工智能主要是对人类的智能活动进行研究和分析,然后借助一定的智能科技系统和技术,植入一定的程序,完成人类脑力所要从事的各项工作。换句话说,现代计算机技术的应用创新可以模拟人的智能行为,实现对基本的理论和方法的积极探索。人工智能是计算机网络技术发展应用的结果,它被广泛应用于很多的学科领域当中,并在其中取得了不小的成就,逐渐搭建起人工智能平台,囊括了人工智能理论和实践的所有分支。主要涉及计算机科学、心理学、哲学和语言学等学科领域,可以说是囊括了自然科学和社会科学的所有学科。人工智能不仅包括计算机网络科学的内容,还与思维科学建立了密不可分的关系,两者是实践和理论的关系。若要站在思维的角度看人工智能,逻辑思维、形象思维、灵感思维都是促进人工智能取得突破性发展的内容,其中应用最为常见的便是数学。数学工具也是人工智能平台当中较为广泛的,标准逻辑、模糊数学都在人工智能平台的不同范围内发挥着作用,促使人工智能不断被创新和优化。

二、人工智能平台的应用探究

由于目前基础计算能力的大幅提升和大规模的数据积累,当前全球人工智能技术产业正快速成熟并逐渐步入商业化阶段。为了抢占产业发展先机,谷歌、微软、Facebook、百度等国内外巨头企业依托自身优势,持续加大研发投入力度,大力布局人工智能领域,积极推动人工智能技术在各行业中的融合创新。

(一)谷歌安卓体系创新

安卓操作系统是承载移动互联网应用的最大载体,也是谷歌构建移动互联网生态体系的核心之一。为了充分发挥移动互联网庞大的用户和开发者两大群体优势以及加速人工智能技术与移动互联网技术的融合,谷歌从底层接口、平台框架、应用等方面对安卓体系进行了一系列升级,完善了人工智能技术在终端侧的应用生态体系,推动了人工智能算法模型向终端侧的下沉,促进了人工智能终端应用的快速创新迭代。

1.推出安卓系统新接口,优化应用支持能力

谷歌为了实现安卓系统的创新与优化,于更新的安卓 8.1 版本中增加 Android Neural Networks API(简称安卓 NN API)接口。这是一个与机器学习相关操作的 API 接口,能够在移动设备上运行。安卓 NN API 接口可以从安卓系统上运行的应用运算需求出发,直接由安卓上的机器学习库和框架调动分配,敏捷地为终端设备中的图像处理单元(GPU)、数字信号处理器(DSP)等硬件分配计算量,从而为安卓系统上层的机器学习库提供稳定的底层支持。谷歌推出安卓 NN API 接口是加快发展人工智能技术在终端设备中提高应用支撑能力的重要举措,不仅能够帮助开发者突破运行速度快、延迟率低和成本低廉的人工智能移动应用的难题,也为实现安卓系统的优质智能化提供保障。目前,安卓 NN API 接口已经可以支持图像分类、预测用户行为、关键字搜索等安卓设备已有的应用,对开发者的自定义框架模型也在全面落实当中。

2. 显著改善 Tensor Flow,提升技术实力含量

作为谷歌新开发的人工智能软件,Tensor Flow 具有以下几个特点:第一,是编写程序的计算机软件。第二,是计算机软件开发的工具。第三,应用领域广泛。可应用于人工智能、深度学习、高性能计算、分布式计算、虚拟化和机器学习这些领域。第四,软件库可应用于多个领域的建模和测试。第五,可用作应用于人工智能、深度学习等领域的应用程序接口(API)。作为谷歌人工智能应用的核心,谷歌进一步提升了 Tensor Flow、Tensor Flow Lite 两大核心产品的易用性、兼容性。一是谷歌提升开发 Tensor Flow 的简便性,有效提升开发效率。目前,深度学习模型规模庞大,通常可达数十层、数百万个参数,模型搭建、训练需要大量标记数据和计算能力,严重制约了模型训练及优化的效率。二是增强 Tensor Flow 的多语言支持能力。谷歌通过交换格式的标准化和 API 的一致性,并改善这些组件之间的兼容性和奇偶性,从而达到支持更多平台和语言的目的。三是提升 Tensor Flow 的跨平台支持能力。Tensor Flow Lite 旨在为智能手机和嵌入式设备创建更轻量级的机器学习解决方案,谷歌扩展了 Tensor Flow Lite 的应用平台支持范围,可以在许多不同平台上运行,安卓和 iOS 应用开发者都可以使用。此外,谷歌针对移动设备进行了优化,包括快速初始化,显著提高了模型加载时间,并支持硬件加速。

3. 优化学习工具包 ML Kit 格式,提升人工智能应用的开发效率

谷歌发布的机器学习开发工具包 ML Kit 是一个强大易用的工具包,它将谷歌在机器学习方面的专业知识带给了普通的移动应用开发者。其核心在于将训练好的机器学习模型整合成可直接调用的 API 接口,对外提供服务,使开发者仅需几行代码就可调用云端的深度模型算法能力,极大地简化了终端人工智能 App 开发流程。

ML Kit 针对移动设备进行了优化,机器学习可以让你的应用更有吸引力,更加个性化,并且提供了已经在移动设备上优化过的解决方案。提供的 API 接口服务主要有:第一,图像打标,可以识别图像中的物体、位

置、活动形式、动物种类、商品,等等;第二,文本识别,从图像中识别并提取文字;第三,人脸检测,检测人脸和人脸的关键点;第四,条码扫描,扫描和处理条码;第五,地标识别,在图像中识别比较知名的地标;第六,智能回复,提供符合上下文语境的文字回答。值得一提的是,这些服务功能可以在线和离线使用,具体取决于网络可用性和开发人员的偏好。

(二)科大讯飞智能平台的支持

当今世界,主要发达国家都把发展人工智能作为提升国家竞争力、维护国家安全的重大战略,加紧出台人工智能的规划和政策,围绕核心技术、顶尖人才、标准规范等强化部署,力图在新一轮国际科技竞争中掌握主导权。语音和人工智能技术有着广阔的前景,在国家安全、民族文化传播、双语教学等国家战略领域都有着非常重要的应用价值。科大讯飞作为亚太地区最大的智能语音和人工智能上市公司,也是中国智能语音与人工智能产业的领导者,在语音合成、语音识别、口语评测、自然语言处理等多项技术上拥有世界领先成果,其人工智能技术在我国教育领域的应用是推动我国教育事业步入人工智能时代的重要保障。

1. 讯飞超脑计划

科大讯飞股份有限公司是国内专业从事智能语音及语言技术研究、软件及芯片产品开发、语音信息服务的骨干软件企业。作为国内最大的智能语音技术提供商,科大讯飞在智能语音技术领域、软件及芯片开发等领域有着一定的研究成果,并有中文语音合成、语音识别、口语评测等多项技术成果。科大讯飞正式启动的"讯飞超脑计划"核心是让机器人从"能听会说"到"能理解会思考",目标就是要实现一个真正的中文的认知智能计算引擎,从而推进感知智能和认知智能在内的全面突破,这也是人工智能领域的核心内容。在感知智能领域,首先,语音识别、手写识别方面每年要保持30%—50%的错误率的下降;在能够清晰识别普通话的基础上,进一步优化识别方言的准确率。其次,不仅要求能够理解人类和机器的对话,还要瞄准理解人和人之间的对话的方向努力,这是现实的选择,也是未来努力的方向。此外,不仅能够识别联机手写的字符,识别离线手写的字符也要得到落实。在认知智能上的研究目标,关键是让机器能理解会思考,这必须突破语言理解、知识表示、联想推理、自主学习等多方面。

目前,科大讯飞的"讯飞超脑"计划已经取得了阶段性的进展和突破。作为计划的重要组成部分,科大讯飞正牵头进行科技部 863 重大专项之一"类人答题机器人项目",目的是未来能够让机器人参加高考并考上一本,甚至是清华、北大、科大这样水平的高校。而在口语翻译和评测方面,目前科大讯飞口语翻译技术已经达到英语六级水平,在国际机器翻译评测(IWSLT2014、NIST2015)等大赛中夺得冠军,口语作文评测机器已经可以替代教师进行自动评测,在广东高考英语口语作文考试中得以全面应用。在主观题阅卷上,科大讯飞将人工智能核心技术应用于考试以及传统线下作业的自动批阅,不论是手写识别的还是选择题涂抹,都可以先通过 OCR 转变成计算机可以理解的文本和图像,再让计算机自动对答案的正确程度进行评判,这其实是感知智能和认知智能的结合。现在安徽省合肥市和安庆市的会考中,对英文和中文的考试进行自动评分,取得了非常好的效果,以后,此项技术很可能将会被全面推广到包括文科和理科的所有课程。

2. 全力打造智学网平台

科大讯飞深耕教育事业,打造了以智学网为平台的智慧课堂系统等一系列教育教学产品,基于动态学习数据分析和"云、网、端"的运用,实现教学决策数据化、评价反馈即时化、交流互动立体化和资源推送智能化,创设了有利于师生协作交流和意义建构的学习环境,促进学生实现符合个性化成长规律的智慧发展。

相比于传统的以教为主的教学模式,智慧课堂系统实现了教与学的翻转,把课堂交给学生,达到"先学后教,以学定教"。系统能够为学生提供海量的学习资源和课本迁移知识,让学生在预习时通过自主学习来消化知识点,上课时集中解决学生自学过程中不能理解的问题,提高了课堂教学的效率。结合智慧课堂系统的即时评价功能,教师可以免去课堂测试的批阅过程,实现当堂测当堂评,及时解决教学过程中发现的问题。在开展英语教学活动中,教师利用智学网,能够立刻得到学生课堂听写的批阅和统计情况,以此跳过学生普遍掌握的知识,对大多数学生存在的问题进行重点讲解,节省了课堂时间。此外,依托智慧课堂系统等教育信息化产品,科大讯飞积极推动教育行业的资源共建,以微课等形式,实现优秀教师资源实时实地共享,达到最优质的教学资源的均衡利用。目前,科大讯飞已与广东、浙江、安徽等十多个省市签订了战略合作协议或正式开展省级资源平台建设;与北师大、苏教社、译林等出版社展开了深度合作。科大讯飞联合国内多所名校,启动"推进教育信息化应用名校联盟",创新人才发展模式,引领课程、课堂改革,共促教育信息化应用。

3.成立"科大讯飞智能教育专家委员会"

为了更好地推动人工智能促进教育变革,此次由科大讯飞主办、讯飞教育技术研究院承办的大会成立了"科大讯飞智能教育专家委员会",共10位知名的教育信息化专家接受了聘任。众位专家汇聚观塘,共同探索人工智能与教育的深度融合,创新教育教学模式,引领教育生态变革,构建智能教育新体系。

三、人工智能平台对教育发展的影响

各种人工智能平台的研发初衷是把人从简单、机械、烦琐的工作中解放出来,然后从事更具创造性的工作。教育人工智能的使命应该是让教师腾出更多的时间和精力,创新教育内容、改革教学方法,让教育事业各项工作的开展变得更好。在人工智能时代到来之际,人工智能平台与教育发展的深度融合是历史的必然,也是现实的选择,更是未来的方向。因此,要抓住机遇利用人工智能技术打造教育信息交流的互动平台,努力建设教育治理综合数据库,实现教育治理数据的互惠互通,这对有效促进我国教育事业的发展有着深远的影响。

(一)改变育人目标,推动教育体系的改革创新

人工智能改变了育人目标。正如机器取代简单的重复体力劳动一

样,人工智能将取代简单的重复脑力劳动,司机、翻译、客服、快递员、裁判员等都可能成为消失的职业,传统社会就业体系和职业形态也将因此发生深刻变化。适应和应对这种变化与趋势,教育必须回归人性本质,必须退去工业社会的功利烙印。当人工智能成为人的记忆外存和思维助手时,学生简单地摄取和掌握知识以获取挣钱谋生技能的育人目标将不再重要。教育应更加侧重培养学生的爱心、同理心、批判性思维、创造力、协作力,帮助学生在新的社会就业体系和人生价值坐标系中准确定位自己。教育目标、教育理念的改变将加速推动培养模式、教材内容、教学方法、评价体系、教育治理乃至整个教育体系的改革创新。

(二)推进优秀经验模式化,推广教学优质化

在人工智能平台的支持下,人工智能技术可以渗透到教育的方方面面,不仅能为教师、学生以及学校的各项工作提高效率,还能为各项教学工作提供优秀示范,积极推进教学质量优化。例如,人工智能自动数据结构化的技术,可以把当前采集的数据编进计算机进行分析。比如学生所做的试卷、作业,这是课前和课后衔接的一个重要环节。运用人工智能机器,可以把学生做完的作业编成计算机可以处理、分析的数据,大大减少了教师的工作量,从而提升教学工作的效率。此外,未来的机器还可以把更多优秀的活动变成一种模型让计算机去运行,从而代替很多烦琐的工作,是全面提升教学质量的重要动力。

(三)推行个性化的教学资源,全面保障教学个性化发展

在人工智能时代,每个教师都有一个教学助手,机器可以对每一个学生进行详细的观察与测评。此外,每个学生都有一个机器学习伴侣,其可以帮助学生整理学习笔记、发现学习中的问题,帮助学生更有效率地学习。人工智能技术平台不仅能从知识关联和群体分层方面分析学生知识掌握情况,推送学习建议,更能从大脑思考方式、个体性格特点、所处环境特征等方面,为每个学生提供个性化、定制化的学习内容、方法,激发学生深层次的学习欲望。而其中的关键就是数据,有了大量学习的数据以后,系统可以对学生进行问题诊断,最后给学生推送个性化的学习资源,从而

更好地解决不同学生的学习问题。

(四)实现教师自我提升,造就教育的新形势

教师的任务是教书育人,教师的作用不仅是传授知识,而且需要通过情感的投入和思想的引导教会学生做人、塑造学生的品质等。对于什么是真正的教育,德国著名哲学家雅斯贝尔斯(Karl Theodor Jaspers)曾形象地描绘为,用一棵树撼动另一棵树,一朵云推动另一朵云,一颗心灵唤醒另一颗心灵。教育是一项心灵工程,它的实施者——教师是富于情感和智慧、想象力与创造力的人类,这些特质是人工智能无法比拟的。同时我们也看到教师正在努力从教学的主宰者、知识的灌输者向学生的学习伙伴、引导者等方向转变。基于此,即使未来人工智能在知识储备量、知识传播速度以及教学讲授手段等方面超越人类,人类教师仍然具有不可替代的作用。但是面对人工智能的冲击,教师应该具备危机意识和改革意识,思考如何发展那些"AI 无而人类有"的能力,思考如何提高教师这个角色的不可替代性,思考什么才是真正的教育,思考未来需要培养怎样的人才等问题。只有朝这些方向努力,才能将人工智能带来的挑战转变为变革传统教育创新未来教育的机遇。

第二章 人工智能与教学的关系

第一节 人工智能促进教学变革的基础

一、理论基础及启示

(一)教育变革理论

教育变革理论指出,教育处于不断的变革之中,变革是推动教育动态发展的动力。教育变革专家 R. G. 哈维洛克和 C. V. 古德将教育变革分为有计划教育变革和自然教育变革两类。"有计划教育变革"是指采取一定方案推行的蓄意教育变革,一般说的教育革新、教育改革、教育革命都属于有计划教育变革。"自然教育变革"与有计划教育变革相反,是指没有计划方案与人为推行的变革。

教育变革理论认为,教育变革具有非线性与复杂性的特征。非线性是指教育变革从启动到实施不是线性过程,自上而下从组织结构上进行的教育变革并不一定能够取得理想结果;复杂性是指教育变革对象——教育系统是非线性的、动态的,兼具自然性和社会性的复杂系统,对系统的发展预测比较困难。教育变革的非线性和复杂性特征决定了教育变革的不确定性。并不是所有的教育变革都是积极有益的,教育变革的结果可能是"正向的",也可能是"逆向的"。

教育变革理论对于本研究具有重要指导作用,人工智能促进教学变革属于有计划的教育变革范畴。事物本质的改变称为变革,但教学变革不是对传统教学的全盘否定,而是在继承传统教学优势与智慧内涵的基础上,优化教与学的过程,创新教与学的方法与手段。教学变革的过程也应该遵循"量变质变规律",只有在人工智能与教学充分融合的基础上,教学才会发生本质上的改变,进而达到整个教育结构的改变。因此,本研究所探讨的教学变革是基于具体的教学环境,通过人工智能的有效支持来改变教学各要素的地位和作用,包括变革教学资源形态、教学组织方式、学习活动方式、学习评价方式等。其中各要素的地位和作用的状态是评价教学变革效果的重要指标。

(二)分布式认知理论

分布式认知理论是由赫钦斯(Hutchins)在 20 世纪 80 年代对传统认知观点进行批判的基础上提出来的。赫钦斯认为,认知是分布的,认知现象不仅包含个人头脑中所发生的认知活动,还包含人与人之间以及人与工具技术之间通过交互实现某一活动的过程。认知分布于个体间,分布于环境、媒介、文化之中。分布式认知理论认为,认知不仅依赖于认知主体,还涉及其他认知个体、认知工具及认知情境,认为要在由个体与其他个体、人工制品所组成的功能系统的层次来解释认知现象。

分布式认知理论对于人工智能促进教学变革研究具有重要的指导意义:

第一,分布式认知中的"人工制品",如工具、技术等可起到转移认知任务、降低认知负荷的作用。当学习者的学习内容超出认知范围无法解决时,可借助智能化学习软件帮助其减轻认知负荷,引导学习者向深度认知发展。同时可将简单、重复性的认知任务交由智能机器人完成,从而使个体可进行更具创造性的认知活动。未来必定是人与智能机器协作的时代,人所擅长的和智能机器所擅长的可能大有不同,人与人工智能协同所产生的智慧,将远超单独的人或人工智能。人机协作已成为个体面对复杂问题的基本认知方式,人类的认知正由个体认知走向分布式认知。

第二,分布式认知强调认知发生在认知个体与认知环境间的交互。认知个体在交互过程中,有利于建构自身的认知结构。教学中的交互不只是师生间的交互,还包括生生交互、师生与知识的交互、人与机器的交互等,在人工智能支持的智能化教学环境中,交互方式更加多样。通过交互可以重构学习体验,甚至可以通过触觉、听觉、视觉来影响个体的认知。

(三)技术创新理论

熊彼特在《经济发展理论》中首次提出技术创新理论(technical innovation theory),指出创新是"一种新的生产函数的建立,即实现生产要素和生产条件的一种从未有过的新结合",并将其引入生产体系。创新一般包括五个方面的内容:一是制造新产品;二是采用新的生产方法;三是开辟新市场;四是获取新的原材料或半成品的供应来源;五是形成新的组织形式。

创新不仅是某项单纯的技术或工艺发明,而且是一种不停运转的机制。只有引入生产实际中的发现与发明,并对原有生产体系产生震荡效应才是创新。技术创新理论对教育教学创新具有重要指导意义。

一是有助于教育教学的创新。新的技术出现时会对教育教学造成影响,人工智能技术在教学中的应用,将带来新的智能化教学工具,形成新的教与学模式,促进教学评价方式与教学管理方式的创新。教育工作者要积极转变思维方式,探索人工智能与教学结合的新形式,促进技术与教学的深度融合以及教育教学的创新发展。

二是重视学生创新能力的培养。人工智能时代,简单重复性的工作一定会被机器取代,智能机器正在超越人类的左脑(工程逻辑思维)。人类要保持对机器的优势,一个重要策略是让学生花时间精力开发机器不擅长的右脑,培养人类智能独特的能力,如创新创造能力、想象力、问题解决能力、交流沟通能力及艺术审美能力等,让学生在智能科技发达的今天立于不败之地,这也是教育改革的大方向。

二、技术支撑

人工智能是研究与开发用于模拟、延伸和扩展人的智能的新兴技术科学,通过机器来模拟人的智能,如感知能力(视觉感知、听觉感知、触觉感知)和智能行为(学习能力、记忆和思维能力、推理和规划能力),让机器能够"像人一样思考与行动",最终实现让机器去做过去只有人才能做的工作。人工智能发展的迅猛之势引发了人们的热议。那人工智能能否取代人成为人们关注的焦点。早在 1993 年,计算机科学家弗农·维格(Vernon Vinge)就提出了"奇点"概念,即人工智能驱动的计算机或机器人能够设计和改进自身,或者设计出比自己更先进的人工智能。面对人工智能,不能过分高看也不要过分低估;对于人工智能对教育的影响,要保持理性态度。

人工智能的主要研究领域包括智能控制、自然语言处理、模式识别、人工神经网络、机器学习、智能机器人等。近年来,随着计算能力的提升以及大数据和深度学习算法的发展,人工智能取得了突飞猛进的发展,并且广泛运用于金融、医疗、家居等多个领域,各行各业都在积极探索利用人工智能破解行业难题,教育也不例外。张坤颖指出,人工智能是一种增能、使能和赋能的技术,其在教育中的应用形态分为主体性和辅助性两类。主体性是指特定教育系统以人工智能技术为主体,如智能教学机器人、智能导师系统等;辅助性是指将人工智能的功能模块或部分结构融入教学、资源和环境、评价和管理,转变为媒体或工具以发挥其功效,如智能化评价、自适应学习、教育管理与决策等。

技术对教育教学的影响是人工智能、虚拟现实、增强现实、大数据、学习分析等技术综合的作用,不是单一技术就可以产生影响,因此本研究结合人工智能、大数据、学习分析等技术与教学的融合创新,从人工智能大发展的时代背景下探讨人工智能给教学带来的新机遇和新挑战。

(一)机器学习

机器学习主要研究如何用计算机获取知识,即从数据中挖掘信息、从信息中总结知识,实现统计描述、相关分析、聚类、分类、规则关联、预测、可视化等功能。

20 世纪 90 年代后,随着计算机性能的不断提升,人工智能迎来了一次新的突破,有数学依据的统计模型、大规模的训练数据,并融合了数学、统计学、信息论等各领域知识的机器学习方法,逐渐在语音识别和机器翻译等领域成为主流,而且随着隐马尔可夫模型、贝叶斯网络、人工神经网络等各种模型方法的不断引入,机器学习取得了进一步发展,尤其在自然语言理解、模式识别等领域成为技术核心。近年来,以人工神经网络模型为基础的深度学习方法,给人工智能的发展带来了新一轮的热潮。

根据学习模式、学习方法以及算法的不同,机器学习存在不同的分类方法。

机器学习研究的进一步深入也极大地推动了其在教育中的运用,如归纳学习、分析学习应用于专家系统等。

1. 机器学习与教学的适切性

机器学习是通过算法让机器从大量数据中学习规律,自动识别模式并用于预测。机器学习在教学环境中,能够基于大量教学数据智能挖掘与分析数据发现新模式,预测学生的学习表现和成绩,以促进和改善学习。可以说,机器在数据学习过程中处理的数据越多,预测就越精准。教学数据包括学习者与教学系统交互所产生的数据,以及协作、情绪和管理数据等。

当前,应用于教学的机器学习方法有分类、聚类、回归、文本挖掘、关联规则挖掘、社会网络分析等,但应用较多的是预测和聚类。预测旨在建立预测模型,从当前已知数据预测未知数据。在教学应用中,常用的预测方法是分类法和回归法,一般用于预测学生学习表现和检测学习行为。聚类法一般用于发现数据集中未知的分类,在教学中,通常基于教学数据对学生进行分组。

机器学习对于教学环节中的不同人员,如学生、教师、教学管理者、课程或软件开发者等具有不同的应用目标。

2. 机器学习教学应用的潜力与进展

机器学习作为人工智能的重要分支,能够满足对教学数据分析预测的需求,其在教学中的应用具有很大潜力。在教师教学方面,将从学生建模、预测学习行为、预警辍学风险、提供学习服务和资源推荐等方面有效助力智能教育,推动教学创新。在学生学习方面,通过机器学习分析学生成绩、学习行为等来预测学习表现,发现新的学习规律,并给出可视化反馈;对学习者的表现进行评价,根据不同学生的特征进行分组,推荐学习任务、自适应课程或活动,提高学习者的学习效率。

(二)自然语言理解

自然语言理解是研究如何使计算机能够理解和生成人的语言,实现人机自然交互。自然语言理解主要分为声音语言理解和书面语言理解两大类。其理解的过程一般分为三步:第一,将研究的问题在语言学上以数学形式化表示;第二,把数学形式表示为算法;第三,根据算法编写程序,在计算机上实现。

自然语言理解技术从初期的产生式系统、规则系统发展到当今的统计模型、机器学习等方法,其在教育中的最早应用是进行语法错误检测。随着技术的发展,自然语言理解在教学中有了更大的应用场景。有研究者将自然语言理解在教育领域的应用场景概括为四个方面:一是文本的分析与知识管理,如机器批改作业、机器翻译等;二是人工系统的自然交互界面,如语音识别及合成系统;三是语料库在教育工具中的应用,如语料库及其检索工具;四是语言教学的应用研究,如面向语言学习的教育游戏。自然语言理解将为在机器翻译、机器理解和问答系统等领域的学习者的学习带来新的方式方法。

1. 机器文本分析

传统对于主观题的判定,如论述、作文等,机器批阅无法给出有效反馈,随着自然语言理解技术的逐渐成熟,依托人工智能技术可以实现对开放式问题的自动批阅。当前应用较为成功的是句酷英语作文批改。机器批阅有助于学生自主练习时及时获得反馈,可以大大提高学生学习的效率与效果。

2. 问答系统

问答系统分为特定知识领域的问答系统和开放领域的对话系统。问答系统是指人们提交语言表达的问题,系统自动给出关联性较高的答案,实现人与机器的交流。当前,问答系统已经有不少应用产品出现,它们在接收到文字或语音信息后,先解读内容,然后自动给予相关回复。在教学当中,问答系统能够充当解决学生个性化问题的虚拟助手,以自然的交互方式对学生的问题进行答疑与辅导。IBM 研发的虚拟助教 Watson 就是通过建立教育领域的专家库,实现对学生问题的解答。

(三)模式识别

模式识别是计算机对给定的事物进行识别,并将其纳入与其相同或相似的模式。其主要研究计算机如何识别自然物体、图像、语音等,使计算机模拟实现人的模式识别能力,如视觉、听觉、触觉等智能感知能力。根据采用的理论不同,模式识别技术可分为模板匹配法、统计模式法、神经网络法等,其早期采用的算法主要是统计模式识别,近年来,在多层神经网络基础上发展起来的深度学习和深度神经网络或为模式识别较热门的方法。而且深度学习算法和大数据技术的发展,大大提高了在语音、图像、情感等模式识别中的准确率。

模式识别系统主要由数据采集、预处理、提取特征与选择、分类决策等组成。

在教学应用领域,为学习者提供个性化学习支持服务的前提是需要采集到学习者的语音、情感等体征数据,通过对这些数据进行挖掘与分析,为后续的个性化学习提供基础数据模型支持。模式识别在教学中的应用主要包括在实训型课堂中,可以将识别的学生动作模式与标准动作模式进行比对,指导学生操作;智能识别学习者的学习状态,适时给予学习帮助与激励;学习者利用语音搜索学习资源等。

(四)大数据

人工智能建立于海量优质的应用场景数据之上。与传统数据相比,大数据具有非结构化、分布式、数据量大、高速流转等特性。大数据通过数据采集、数据存储和数据分析,能够发现已知变量间的相互关系进行科学决策。大数据目前已经应用于金融行业、城市交通管理、电子商务、医疗等各个领域,有着广阔的应用前景。而在教育领域,随着教育信息化的发展,教学过程中时时刻刻在产生大量的数据,大数据为教学提供了根据数据进行科学决策的方法,并将对教育教学产生深刻影响。

大数据的价值在于对数据进行科学分析以及在分析的基础上所进行的数据挖掘和智能决策。也就是说,大数据的拥有者只有基于大数据建立有效的模型和工具,才能充分发挥大数据的优势。

大数据与人工智能的结合将给教育教学带来新的机遇。海量数据是机器智能的基石,大数据有力地助推了机器学习等技术的进步,在智能服务的应用中释放出无限潜力。因为人与机器的学习方法是不一样的,比如,一个孩童看到几只猫,妈妈告诉他这是猫,他下次见到别的猫就知道这是猫,而要教会机器识别猫,需要给机器提供大量猫的图片。所以,大数据极大地推动了人工智能的发展。大数据与人工智能结合将充分发挥大数据的优势,如教育教学过程中存在大量的教学设计、教学数据,根据这些数据训练出的人工智能模型可以辅助教师发现教学中的不足并加以改进。

(五)学习分析

学习分析是随着大数据与数据挖掘的兴起而衍生出来的新概念,它是通过采集与学习活动相关的学习者数据,运用多种方法和工具全面解读数据,探究学习环境和学习轨迹,从而发现学习规律,预测学习结果,为学习者提供相应干预措施,促进有效学习。由此可知,大数据是进行学习分析的基础,学习分析可以实现大数据的价值。

学习分析的目的在于优化学习过程,一般包括四个阶段:一是描述学习结果;二是诊断学习过程;三是预测学习的未来发展;四是对学习过程进行干预。学习分析是迈向差异化及个性化教学的道路。随着各种智能化教学平台、教学 App 等数字化教学工具的应用,教育数据快速增长。通过智能化教学平台持续采集学生学习过程中的各种数据,将教师和学生在课堂上的每一个互动结果记录下来,从而通过学习分析生成数据统计与分析图表。基于此,学生可通过查看学习数据,找出不足,及时调整。教师可很好地了解学生学习特点,制定个性化学习方案,深度分析学习者学习行为与学习数据,随时监测学生发展。

三、人工智能促进教学变革的整体框架探讨

教学是教师的教和学生的学的统一活动,教学要素是构成教学活动的单元或元素。从现有研究状况来看,关于教学要素的认识主要有"三要素论""四要素论""五要素论""六要素论""七要素论""教学要素系统论"等。

由此可见,关于教学要素的研究一直处于动态发展过程之中,人们对教学要素的认知在不断加深,呈现百花齐放、百家争鸣的局面,提出了许多富有创造性的意见和研究思路。

追溯教学变革的研究,可以发现众多学者根据不同的时代背景、不同的技术发展,从不同的教学要素环节,如教学内容、教学资源与环境、教师的教学方式、学生的学习方式、教学评价、教学管理等方面来探讨教学变革。

本研究在已有教学变革研究的基础上,结合人工智能在教学中的典型应用,尝试从教学资源、教学环境、教的方式、学的方式、教学管理、教学评价等方面探讨人工智能给教学带来的新机遇和新挑战。

通过整合人工智能促进教学变革的构成要素分析得出,资源环境的改变是教学变革的基础,因此资源环境为出发点,分析人工智能的发展所带来的教学工具、教学资源以及教学环境的改变,从而优化教与学。而教与学又是不可分割的整体,只有在师生积极的相互作用下,才能产生完整的教学过程,割裂教与学的关系就会破坏这一过程的完整性,因此,从教师教和学生的学这一整体角度探讨人工智能对教与学方式的变革,促进高效教学。而将教学评价与教学管理归为一体去探讨,是基于以下考量:教学评价与教学管理都属于教学管理范畴,都是主体作用于客体的管理活动。教学管理是现代教育管理体系中相对独立完整的系统,而教学评价则是其中的重要组成部分,教学评价是教学管理的任务之一,又是教学管理的重要手段。两者都侧重于对数据的分析,技术性和科学性较强,人工智能的发展和教学数据的丰富使教学评价与教学管理更加科学化,也

更具权威性,使之发挥更大作用。

基于以上分析,本研究尝试从教学资源与教学环境、教与学方式、教学评价与教学管理三部分探讨人工智能引发的教学变革。

(一)教学资源与教学环境

资源环境的改变是教学变革的基础,通过资源环境的改变带动教学的变革,进而创设更加符合学生需求的学习环境,形成良性循环。技术对教育教学所产生的影响,在很大程度上是转化为工具、媒体或者环境来实现的。首先,人工智能的发展催生了许多新的教学工具与学习工具,如智能化教学平台、教学机器人、智能化学习软件等,这些教与学的工具是教师教学与学生学习的好帮手,为教学注入了新的活力。其次,人工智能的发展为学习者获取学习资源带来了极大便利,在学习资源智能进化的过程中,机器已经对资源进行质量把关、语义标注,将资源分为文本、视频等形式,这样智能化学习环境感知到学习者需求时,可以自适应推送适合学习者的学习资源,而且搜索引擎的发展,让学习者可以快速找到所需资源,不用在查找资料方面浪费时间。最后,人工智能的发展为搭建智能化的学习环境提供了便利,驱动数字教育资源环境走向智能化学习资源环境。学校可与人工智能教育企业联手利用人工智能创造利于学习者高效学习、深度学习的环境。通过智能感知,构筑更加有利于师生互动的学习环境。

教学工具的创新、教学资源的优化、教学环境的改善,有助于教师轻松开展教学活动,辅助学生高效学习。

(二)教的方式与学的方式

人工智能进入教育领域后,技术支持资源、环境的改变促使教学发生了一系列改变。

在教师教学方面,人工智能可以辅助教师备课,通过人工智能技术智能生成个性化教学内容、实时监控教学过程、精准指导教学实现智能化精准教学;开展基于技术的智能化实践教学;进行个性化答疑与辅导,帮助教师从简单、烦琐的教学事务中解放出来,真正回归"人"的工作,创新教学内容、改革教学方法,从事更具创造性的劳动。

在学生学习方面,通过智能化环境的构建,要着重思考如何引导学生,通过制定不同类型的学习任务、营造支持性学习环境,帮助学习者自适应预习新知、智能交互学习新知、智能化陪伴练习、智能引导深度学习,帮助学生不断认识自己、发现自己和提升自己。

同时,教师和学生在教与学过程中对资源与环境的需求,又促使资源与环境朝向人的需求层面转变。

(三)教学管理与教学评价

技术的发展和教学环境的优化,使得教与学的过程数据变得越来越丰富。如何充分、有效地利用这些数据优化教与学,需要教育工作者对传统教学评价与教学管理模式与方法进行变革。

人工智能应用于教育领域,通过采集教与学场景中的数据,利用大数据分析技术对各项教育数据进行深度挖掘,实现检验教学效果、诊断教学问题、引导教学方向、改进教育管理,一方面,帮助教学管理者全面督导,使传统的以经验为主的管理方式向智能化、科学化转变,提升管理效率;另一方面,建立学习者数字画像,智能分析、评价学习者行为,破解个性化教育难题,科学辅助教师进行教学决策。通过人工智能对教学的诊断反馈进而为教学组织、学习活动等提供创新解决方案,提升教学效率。

第二节 人工智能促进教学资源与教学环境创新发展

技术对教育教学产生的影响,在很大程度上是通过转化为工具、媒体或者环境来实现的。人工智能本身不能促进教学变革,但是一种增能、使能和赋能的技术,可以将它转变为媒体或工具,以在教育教学中发挥功效。人工智能时代的教师,需要具有利用智能化教学工具和智能化教学环境进行有效教育教学和创新教育教学的意识与能力。

一、教学工具的改变

(一)智能教学平台

随着"互联网+"时代的到来，人工智能的快速发展，众多开放式、智能化教学平台如雨后春笋般不断涌现，这些平台的功能不断完善，集智能备课、精准教学、师生互动、测评分析、课后辅导等功能于一体。目前智能化教学平台各式各样，有综合性的智能化教学平台，也有专门针对某一学科的智能化教学平台。为进一步推进教学模式和教学手段改革，提升教学质量，越来越多的智能教学平台被广泛应用，用于解决传统课堂抬头率低、互动性不高等难题，得到了广大师生和家长的认可。

1. 智能教学平台的内涵与特征

智能教学平台是基于计算智能技术、学习分析技术、数据挖掘技术以及机器学习等技术，为教师和学生提供个性化教与学的教学系统。其主要特点是运用人工智能技术智能分析学习者所学内容，构建学习者知识图谱，为学习者提供个性化的学习内容以及学习方案；支持自适应化学习，实现学习内容的智能化推荐。智能化教学平台的特征主要体现在以下几个方面：

(1)高效性

高效性是智能化教学平台的一个显著特征。从课前、课中到课后，相比传统教学，通过智能化教学平台进行教学，在各个环节上都更加高效，具体表现为教学过程更加流畅、教学互动更加深入及时、教学效果更加明显。

课前教师通过智能化教学平台进行备课，可与全国各地教师实时共享教案，吸收其先进的教学理念、学习其先进的教学方法；通过教学平台将课前预习资料推送至学习者的个人学习空间，并与学生进行及时互动交流，及时调整完善教学设计。课中，可通过各种移动终端连接教学平台与教师实时互动。教师可以"一对多"地解决不同学生的问题，让每一位学生都参与到课堂交流中，真正将课堂还给学生。课下，学生可以在平台上完成作业,还可以与学习共同体完成思维碰撞,由平台完成作业批阅,给学生实时反馈,大大提高课后辅导的效率。

(2)个性化

现代的教育模式是"标准化教学＋标准化考试"。"流水线"上培养的人才是没有竞争力的,比起向学生传授可能被机器人取代的单纯技术,更应该尝试去培养机器人所不能替代的创新创造能力等。这意味着教育的导向要从标准化转向非标准化。

智能化教学平台通过采集到的海量数据和先进算法,根据学生的学习能力、对学习内容的掌握以及努力程度等,为每个学生提供不同的预习资料、布置不同难度的作业(如对学习内容掌握好的学生可以布置一些创新性的、需要发挥创造力的作业;对学习内容掌握一般的学生就布置一些基础性作业),并且课程内容会随着学生学习的进步情况动态调整,略过学生已经掌握的知识点,强化学生薄弱环节,从而真正实现因材施教,实现个性化难度的自适应学习。

除了教学的非标准化外,面向人工智能时代的教育改革还包括考试的非标准化。教师有时难以把握考试出题的难易程度,而且针对所有学生都是一套试卷,对学习基础较差的学生来说,每次成绩的分数都偏低不免打压其学习的积极性。个性化教学应该为不同的学生准备不同的考试试卷,且不同的试卷并不会增加教师的工作强度。通过智能化教学平台,根据每个学生的学习记录智能组卷,还可以通过机器批改,自动生成教学评估报表,个性化评价学生的进步与不足,引导学生的努力方向。

(3)数据驱动

智能化教学平台可以采集到海量数据。例如,通过签到可以一目了然地看到学生的出勤情况。通过测试题,一方面,可以看出教师出题的行为,包括教师的发布时间、是否做过修改;另一方面,还可以看出学生答题行为,包括做了多少题、正确率是多少。通过课堂上教师在智能化教学平台上记录学生的表现,为评价学生提供可量化的参考。

智能化教学平台还能起到行为监测的作用,进行对比分析。例如,可以跟踪高考成绩不同、家庭环境不同的学生的学习行为,与系统的数据模型进行比对,分析行为差异。从教师角度可以分析不同教龄、不同学历的教师,对教学过程的把控、教学效果等方面有何不同。

对教学评价中评分较高的教师,可以深入剖析他的教学过程具体好在哪里。同样对于成绩较差的学生,通过学习数据可以找到他是何时开始松懈的,是自始至终都不愿意学习,还是在学习过程中遇到困难产生了退缩情绪,进而清楚掌握学习者的学习态度于何时发生了变化,并且可以观察学习者在接收到学习预警后有无变化。

(4)虚实交融

智能化教学平台将虚拟和现实连接起来,促使学习者将学习与实践相结合。随着人工智能的发展,虚拟现实技术更加"智能"。通过人工智能可以提高虚拟空间的效果,带来更佳的用户体验。

①虚拟教师

面向未来的教学,虚拟教师要主动提出好问题,以激发学生思考的热情,积极主动探索问题的答案,并且通过问题要教会学生如何批判地看待世界。此外,更重要的是,虚拟教师要教学生如何提出问题,培养学生面向未来提问的习惯和能力。

②虚拟学习伙伴

虚拟学习伙伴可以与学生协作完成学习任务。虚拟学习伙伴可以通过故意提出错误的理解,激发学习成员的讨论,也可对成员讨论的结果做总结性概括。借助人工智能为学习者构建虚实相融的学习环境,学习者在虚拟融合的环境中可以进行更加个性化、沉浸式以及趣味化的学习。通过个性化定制虚拟学伴形象,辅助学习者学习,让学习者集中注意力,在规定的时间完成学习任务,优化学习过程。虚拟学伴在学习者完成学习任务时给予点赞,未完成时给予监督鼓励,让学习者感受到人文关怀,进而积极、主动地去完成任务,不需要在教师和家长的压力和要求下被动地学习。

2.智能教学平台的技术支持

智能教学平台借助自适应、大数据、云计算等技术,实现了教师、学生及家长的全面链接。

(1)自适应提升教学的精准性

随着学习者对个性化学习需求的呼声越来越高,以及学习分析技术的飞速发展,自适应学习技术从开始的不成熟,逐渐发展为成熟可行且有效的学习技术。它可以自动适应不同学生的学习情况,根据知识空间理论,拆分知识点、"打标签"(包括学习内容的难易度、区分度等),智能预测学生的能力水平,为学生推荐学习路径,精细化匹配学习资源,智能侦测学生学习的盲点与重复率,从而指导或帮助人们减少重复学习的时间、提高学习效率。

(2)大数据助推教学过程的科学化和可视化

大数据技术可实现学生学习数据全追踪,持续采集学生学习过程中的各种数据,对点滴进步进行一一记录。通过智能化教学平台将教师和学生在课堂上的每一个互动结果记录下来,并自动生成可视化的数据统计与分析图表。基于此,学生通过查看学习数据,找出不足,及时调整。教师可很好地了解学生学习特点,制定个性化的学习方案,深度分析学习者学习行为与学习数据,随时监测学生发展,进而可以合理调整教学过程、干预学习行为。

(3)云计算拓展了教育资源的共享性

通过云计算,学生的学习资源和教师的备课资源可在云端实现共享,拥有强大计算功能、海量资源的智能化教学平台,可有效解决当前网络教学平台建设中存在的资源重复投资、信息孤岛等问题。此外,学习者还可通过网络连接从云端获取所需的学习资源和服务。学习者的学习过程数据将实时储存到云端,保证学习数据不丢失,为分析学习者的学习行为提供数据支持。

3.智能教学平台的功能模块

智能教学平台能够提供个性化学习分析、智能推送学习内容等服务。

在数据采集上,将学生的学习档案数据、学习行为数据等信息数据存储在数据仓库中。在此基础上,整合自适应技术、推送技术、语义分析等人工智能分析和大数据挖掘技术,以支持学习计算。在学习服务上,提供个性化学习路径推荐服务。由此可见,智能化教学平台依赖三个核心要素,即数据、算法、服务。其中数据是基础、算法是核心、服务是目的,因此本研究尝试从这三方面对智能化教学平台的功能进行解析。

(1)数据层

数据层是教育数据的输入端口,也是面向上层服务的基础接口,主要负责采集、清洗、整理、存储各类教育数据,一方面是收集学习者的学习行为、学习成果、学习过程等信息数据;另一方面需要搜集教师教学数据,包括备课资源等。

(2)算法层

算法层主要由各种融合了教育业务的人工智能算法组成,按照系统的方法,对数据层的各类教学数据进行各种计算、分析,实现数据的智能化处理。比如,通过对班级所有学生的行为数据、基础信息数据和学业数据进行智能学情分析,得出学生个体与班级整体的画像,根据学习者的学习兴趣,为其提供不同的学习资料、布置不同难度的作业,以调动学习者的内在学习动机。

(3)服务层

服务层通过接收来自算法层的数据处理结果,提供给用户所需的教育服务。在学习服务上,基于个性化分析结果,为学习者提供涵盖学习内容、学习互动、个性化学习路径等推荐服务,辅导学生进行个性化学习。在教学服务上,通过对教师教学过程数据分析,帮助教师总结得失、监控教学质量、调整教学设计,从而实现教学过程的精准化。

(二)智能教学机器人

1. 教学机器人及其特征

国际机器人协会给机器人下的定义是,机器人是有一定自主能力的可编程和多功能的操作机,根据实际环境和感知能力,在没有人工介入的情况下,在特定环境中执行安排好的任务。未来,如若人工智能跨越了情感交流的屏障,人类或许真的能与机器心灵相通。目前,人工智能已经进入社交和情感陪护领域。

在教育领域,教育机器人是以培养学生分析能力、创造能力和实践能力为目标的机器人。教育机器人使用到的关键技术主要有仿生科技、语音识别和自然语言理解等,它的发展目标是希望和"真人教师"一样进行感知、思考和互动,以实现减轻教师的工作负担、优化教学效果的期望。教学机器人应具备以下特征:

(1)教学性

教学机器人应该具备广博的知识储备,并且具备自我学习、自我进化的能力,熟悉最新的科技发展成果。它能像真人教师一样,了解自身的专业结构,了解自己的教学法,了解学科知识层存在的问题,通过观察记录学生的学习情况,不断调整教学策略,实现由传统形式单一、经验主导的方式转变为人机协同,达到数据及时分享并深度挖掘的精准、个性化教学,真正完成传道、授业、解惑等教师的职业要求。

(2)自主性

教学机器人应该具备感知能力、思考能力,对教师与学生的状态能够进行及时准确地分析,能够进行自主决策。

(3)交互友好

机器人在与学生交流过程中,应该幽默有趣,能够吸引学生兴趣。作为学习伙伴,教学机器人应该能够进行无障碍人机交流,可以完成问题答疑、提供学习资源、营造学习互动的氛围等。

2. 教学机器人的分类

黄荣怀(北京师范大学教授,主要从事智慧学习环境、人工智能与教育、教育技术、知识工程、技术支持的创新教学模式等领域的研究)等将教育机器人分为机器人教育和教育服务机器人,机器人教育主要是以机器人为载体,通过观察、设计、组装、编程、运行机器人,激发学生学习兴趣,训练学生逻辑思维能力,培养学生的创新意识和动手实践能力,让学生在

"玩中学"、在实践中获得知识。目前,大部分的学校还未将机器人教育归入正规课堂,多数还是采取课外活动、兴趣班等形式进行机器人教育。一般是学校预先购买机器人器材、套装或散件,再由专门教师进行指导教学。教育服务机器人是指可以执行一系列教与学相关任务的自动化机器。随着人工智能的进步,教育机器人开始频繁地出现在人们的视野,并逐步应用于教育领域。

从我国教育机器人的发展现状来看,其应用情境分为两类:一是针对儿童的益智类机器人,主要陪伴儿童学习玩耍,为儿童提供多样化的教育方式,寓教于乐地引导儿童学习,促进良好生活习惯的养成,如智能玩具、教育陪伴机器人等;二是在教学领域中,能够为教学活动提供支持的辅助教学类机器人产品,如机器人助教、机器人教师、医疗机器人、特殊教育机器人、虚拟教育机器人等。本研究通过整合当前我国教育机器人的相关案例,分析其中两类七种教育机器人(智能玩具、教育陪伴机器人、机器人助教、机器人教师、医疗机器人、特殊教育机器人、虚拟教育机器人)的使用情况,展示在变革教与学方式中教育机器人的广阔运用前景。

(1)益智陪伴类机器人

比起需要完成固定教学任务的教师来说,机器人可能更容易得到儿童的好感,吸引儿童的注意力。在儿童与机器人的交互中,可以培养儿童的语言表达能力、创造力和想象力,这些能力的发展对于处于认知发展阶段的儿童来说格外重要。如奇幻工房(wonder workshop)公司推出的名为达奇(Dash)和达达(Dot)的两个小机器人,它们是几个可爱的几何形体组合,可以帮助5岁以上的儿童学习编程,开发儿童的动手能力和想象力。

(2)辅助教学类机器人

世界上第一个机器人教师"Saya"是由日本科学家在2009年推出的,并在东京一所小学试用,为学生上课。它会讲多种语言,还可与学生互动,回答学生简单的问题,并可以完成点名、朗读课文、布置作业等基本教学活动;此外它还会做出喜、怒、哀、乐等多种表情。韩国也大力推广机器人教师,从 2009 年起,30 个蛋形机器人在韩国小学教学生英语,受到学生的广泛欢迎,并且实践证明,机器人英语教师有助于提升学生英语学习兴趣。

此外,机器人还在医学教育领域扮演着重要角色,传统医学生想要独自做手术,需要在医院进行实习,而有时患者及其家属会拒绝实习医生的治疗。当前,必须借助人工智能、虚拟现实等前沿科技力量提升医学教育水平。医学模拟通过各种教学系统和场景设置,为学习者提供实践学习的平台,使学习者了解患者的病症,无须对真实患者进行实际操作。例如,在医学教学中用机器人来训练医科学生。墨西哥的国立大学,学习者练习了 24 个机器人患者的各种程序,这些程序连接到一个可以模拟各种疾病的症状的软件系统。患者均配有机械性器官,模拟呼吸系统和人造血液。

人工智能虚拟现实医学奠基人凯斯科萨瓦达思指出,"人工智能与虚拟现实结合是临床医学培训的新模式"。未来,可以将病患的核磁共振、CT 扫描等影像数据,通过人工智能系统处理,得到真实复原的全息化人体三维解剖结构并可将其投射在虚拟空间中。学习者可以在虚拟空间中全方位地直接看到病患真实的人体结构的解剖细节,对病变的器官进行观察和立体分析,精确测量病变器官的位置、体积、距离等数据。观察结束后,学习者还可以设计手术治疗方案,预估手术风险,虚拟解剖以及模拟手术切除等。

在我国,对机器人教师的报道也此起彼伏,北京师范大学与网龙华渔共同研发的"未来教师"机器人已经在部分学校开始测试,它不仅可以帮助教师朗读课文、批改作业,还可以通过传感器识别学生的身体状况,如果学生发烧,机器人会提示教师。更为神奇的是,它还可以帮助教师监考,发现作弊的学生。比如江西九江学院的机器人教师"小美",走进东北大学为机械工程与自动化学院的学生教授"机电信号处理及应用课程"的机器人教师"Nao"。

3.教学机器人应用案例分析——Nao

小i机器人Nao是依托小i硬件智能云,通过云与硬件机器人相结合,使Nao成为能听会说、会跳舞、讲故事的陪伴型机器人的。它可结合图片、文字甚至音频视频等媒体给学习者完整回复,让学习者在交流中解决问题。

(1)智能陪伴机器人的基本架构

智能交互机器人的基本架构主要包括以下模块:

①机器人核心模块及运行框架

包括通信控制模块、服务接口模块、交互业务逻辑及二次开发框架等组成部分。该模块主要负责实现终端与后端服务引擎的通信接口服务,包括学习者与机器人系统的前端交互、响应调度、负载平衡等。

②智能服务引擎

智能服务引擎是自然语言处理和集成专业处理引擎的平台,包括服务控制接口、分词标注引擎、语义分析引擎、聊天对话引擎、场景处理模块、答案处理模块和知识索引管理等。智能服务引擎相当于机器人的"太脑",是机器人实现智能的关键,它的智能性、精准度、并发性等各个方面都会对系统产生关键影响。

③统一管理平台

通过智能服务引擎提供的应用程序编程接口(API),对机器人进行统一管理和维护,包括系统管理、运维管理、语音管理、渠道管理、服务管理和知识管理。

(2)陪伴机器人在教学中的作用

陪伴类机器人在定制学习内容、引导学习互动、调动学习情绪方面对学习者的学习发挥有效作用。

在定制学习内容方面,教育机器人能够根据学习者的年龄、性别、兴趣爱好及知识水平为学习者推送适合的学习资源,如情景剧、动画片、电影或者电子图画书等。通过跟踪学习数据判断学生对当前学习内容是否感兴趣,从而判断是否进一步转入深度学习和扩展性学习阶段。

在引导学习互动方面,教育机器人的出现为搭建互动的学习环境提供支持。教育机器可以像人一样行走,它可以随时陪伴在学习者的身边,像父母、教师、朋友一样与学习者交流对话。在交流的过程中,教育机器人能够通过"观察"学习者的表现,在合适的时机进行提示引导,辅助学习者完成学习任务。

在调节学习情绪方面,教育机器人目前还不能识别学习者面部表情的含义、心理状态等,但随着人脸识别技术、机器学习技术的发展,未来机器能够读懂人类的情绪。教育机器人在识别到学习者学习有困难时,可以通过情感交流,鼓励指导学习者,如"你可以联想某一知识点,结果可能就会出来了",让学习者感受到学习伙伴的支持,调整好学习心情。在宽松和谐的交流沟通氛围中,与智能陪伴机器人对话能够消减学习者的畏惧感和焦虑感。

4.智能教学机器人的实践困境与发展趋势

(1)实践困境

智能教学机器人驱动教学应用创新,为教学提供新的工具和资源,促进教学组织方式的进一步变革,有助于吸引学习者的学习兴趣。目前,教学机器人在教学中的应用还处于探索阶段。网龙华渔、科大讯飞等一些教育公司和研究机构设计开发出用于陪伴儿童学习的或是专门用于学校教学的教学机器人,形成了一定的社会影响。

教学机器人在真正的课堂教学中还未发挥其优势,在教学中的普及与推广还存在很多局限,主要体现在智能教学机器人的软硬件设施成本高、价格比较贵,配备教学机器人的家庭和学校需要具有一定的经济基础;教学机器人的智能性还不够;缺少相应的课程内容,教育机器人的设计与开发不仅要有技术上的突破,还要有教学设计师的配合,设计对应的教学内容,推动教学机器人的应用与实践。

未来教学机器人的研究应更关注教育教学的理论与教学机器人的深度融合,实现教学资源的共享。通过研发符合教学需求的新资源和新工具,为教学注入新的活力,助力教学创新。

（2）发展趋势

未来智能教学机器人能够达到与人类的特级教师相当的水平，或者达到特级教师都达不到的水平。智能教学机器人可进行学习障碍诊断与及时反馈，根据学生的学习状态向其提供帮助；智能机器人可与学生进行对话，在对话过程中，了解学生的需求，做出及时响应与反馈；感知学生的知识掌握状态，根据知识掌握程度提供差异化教学方案和个性化陪伴。

未来，希望能够通过智能教学机器人与儿童对话后，对一段时间的对话数据进行分析，发现学生在这段时间内的情感、情绪、认知方面存在的问题，根据发现的这些问题，给学生相应的帮助和支持，进而实现类似人类教师的智慧内置到智能机器人中，具备自然语言理解能力且具有和真人一样的交互性，这是教学机器人的理想发展目标。

（三）智能化学习软件

随着万物互联的实现，人工智能时代的信息变化速度会比互联网时代更快。因此，善于运用学习工具，如在线互动协作工具、信息检索工具、翻译工具等，可能帮助学习者在学习过程中达到事半功倍的学习效果。

有效的学习工具可以促进学习者的主动学习，例如，在进行英语写作练习时就可以利用英语学习软件，自发组建英语学习小组，就感兴趣的话题展开讨论，写成文字报告，机器批改、同伴互改，学习方式互动性强，好友 PK、成绩排行等可以提高学习者英语写作的积极性。随着图像识别技术、语音识别技术的发展，越来越多的拍照搜题类和语音测评类的个性化学习工具被应用于教育领域，成为辅助中小学生课外学习的好帮手。这些软件都运用智能图像识别技术，帮助学生在遇到难题时，可以通过手机拍照上传，在短时间内就可以给出答案和解题思路，而且这些软件不仅可以识别机打题目，对手写题目的识别正确率也越来越高，在很大程度上提高了学生的学习效率。

这些学习软件作为学生学习的帮手，解决了传统教育环境下辅导机构价格高，优质家教资源少的困境，可以及时辅助学生学习，让学生做作业的过程变得更加轻松，从而让学生更加主动积极地去完成作业，进而促进学生的学习。

二、教学资源的优化

传统教学资源无法满足学习者个性化学习需求,难以促进教学方式的转变。人工智能应用于教学将有助于改善现有不足,本研究探讨人工智能在支持智能进化教学资源、智能推送教学资源及智能检索教学资源方面所发挥的功效,希望能够满足学习者获取个性化资源的需求,为教学资源的智能化升级改造提供一定指导。

(一)智能进化教学资源

1. 教学资源进化的研究与发展

教学资源处在一个动态的生态系统中,具有物种产生、发展、流通、竞争、成熟、消亡的一般过程,遵循优胜劣汰的法则。目前国内关于教学资源进化的研究比较少。

程罡(毕业于北京师范大学教育技术学院,主要研究移动与泛在学习、学生支持服务、远程教育课程设计等)等在 2009 年指出学习资源的发展要具备"可进化性"。随后,杨现民(博士,江苏师范大学智慧教育学院院长、教授、博士生导师,江苏省教育信息化工程技术研究中心副主任。主要从事移动与泛在学习、数字资源建设与共享、网络教学平台开发等方面的研究)、余胜泉(2000 年毕业于北京师范大学,获博士学位,北京师范大学二级教授、博士生导师,北京师范大学未来教育高精尖创新中心执行主任、"移动学习"教育部中国移动联合实验室主任,2008 年入选教育部新世纪人才支持计划)在 2011 年对学习资源进化的概念及内涵进行了详细论述,指出学习资源进化是指在数字化学习环境中,学习资源为了满足学习者的各种动态、个性化的学习需求而进行的自身内容和结构的完善和调整,以不断适应外界变化的学习环境,体现出"发展、变化、适应"的核心思想。接下来,杨现民对学习资源进化进行了一系列研究,包括对学习资源内容进化的智能控制进行研究,设计了生成性学习资源进化的评价指标,学习资源有序化研究,并以学习元平台为例对学习资源进化现状与问题进行分析。

2.教学资源进化存在的问题

教学资源进化所指的资源是数字化学习环境中的数字学习资源,并不包含传统意义上的一般教学资源(教材、试卷等)。当前教学资源建设模式基本可以分为两类,即传统团队建设模式和开放共创模式。传统团队建设模式下的教学资源,如网络课程、精品资源共享课等,主要是由专门的资源制作团队负责设计、制作与维护,主要用于正规学校教育,具有较强的专业性和权威性。但是,这种建设模式下的课程资源更新方式与传统教材并无区别,需要专门的维护人员进行资源的更新。虽然也有进化过程,但是资源进化更新速度缓慢。

随着 Web 2.0 理念和技术的普及,教学资源的开放共创模式正在不断发展,可以让用户参与教学资源的协同建设和更新,通过用户的集体智慧实现教学资源的不断进化。这种模式下的教学资源具有内容开放、更新速度快等优势,主要适用于非正式学习。然而开放共享的资源建设模式在进化过程中也存在一些不足,主要表现在以下两个方面:

(1)进化缺乏控制,散乱生长

开放的资源结构,如维基百科,允许用户协作编辑内容,在聚集群众智慧的同时也导致了资源内容的散乱生长。不同用户对同一学习资源进行添加、编辑、删除,导致原有资源内容混杂,可能存在与主题资源不相关的内容,严重影响了资源的质量。这些问题主要是由于缺乏完善有效的资源进化保障机制,缺乏对资源进化的智能有效控制,因此需要智能技术手段客观动态地控制资源进化方向,实现优胜劣汰,增强资源的生命力。

(2)资源难以动态关联

资源的进化除了内容的发展外,还关系资源结构的优化。资源间的动态关联有助于相似资源的合并,帮助学习者更快检索到自己所需的资源。然而,数量庞大、形态多样的数字资源在组织、关联方面大多采用静态描述方式,缺乏可被机器理解和处理的语义描述信息。资源之间难以实现语义方面的关联,在很大程度上影响了资源的有效联通,影响了资源的优胜劣汰和持续进化。

3.教学资源智能进化流程

目前对于学习资源的进化,大多还是从学习者进行个性化编辑或是专门人员的资源审核入手,来实现资源的动态生成与进化。对于优质资源的良性循环、劣质资源的智能识别与淘汰、同主题资源的智能汇聚与选拔等,依旧是教学资源进化所面临的重大研究课题。资源进化需要更强的进化动力、更完善的进化保障机制和更适合的进化技术支撑。教学资源智能进化的目标是实现教学资源的不断自我更新、不断成熟发展、不断适应学习者的学习需求。因此,本研究尝试从资源自主智能进化角度,对学习资源进化进行初步分析,基于人工智能的一般处理流程,综合资源的语义建模技术、动态语义关联及聚合有序进化控制技术等,构建了教学资源智能进化流程。

(1)机器对新发布资源的质量进行把关

有关资源质量的评价量表,可以由国家教育部门制定,交由机器学习,在资源发布前由机器对资源进行打分,进行学习资源的质量把关,达到一定分数的资源才可以进行发布。目前,机器学习主要有两种方法,一种方法是像微软小冰学习写诗。小冰是一款人工智能虚拟机器人,它可以"读出"图片内容,然后像写命题作文一样生成一首诗。小冰是通过"学习"1920年以来的519位诗人的现代诗,被训练了超过1万次,才学会写诗技能。当前,机器对资源的质量把关主要可以运用这种方式。另一种方法是像AlphaGo Zero一样"自学成才",它不需要人类的数据,而是通过强化学习方法,从单一神经网络开始,通过神经网络强大的搜索算法,进行自我对弈。随着训练的深入,Deep Mind团队发现,AlphaGo Zero还独立发现了游戏规则,并走出了新策略,为围棋这项古老游戏带来了新的见解。未来,可能不需要由人制定资源的评价量表,而是由机器自主学习,实现对资源优劣的自我判断。

(2)机器对资源打标签

机器可以自动实现对资源进行语义标注。教学资源形式多样,有文字、图片、音频、视频等形式,对应不同的资源,机器标签也不同,如对于图片、文本就可以标注学习资源的知识点内容、内容质量、难易度等;对于视频、音频,机器要自主学习,在关键知识点处标记出知识内容,方便学生后期检索学习资源。教学资源的语义标注信息,可以使机器能够像人的大脑一样理解和处理信息,实现资源间的动态联通、重组和进化。

(3)机器对资源进行重组

机器通过语义关联,自动挖掘新上传资源与以往资源的语义关系,将相似资源通过语义关联机制,自动进行重组,实现对同类资源的自动汇聚(资源内容、资源形式),汇聚成专题资源。最终,所有资源都会成为资源网中的一个节点,在与其他资源节点的相互关联作用中实现自我进化。资源重组有效避免了资源的散乱发展,实现教学资源持续、有序进化。

(4)机器对资源进行追踪分析

对资源的使用情况还应建立相关评价机制,由机器跟踪、分析不同用户对资源的使用情况,包括用户对资源的评价、资源的浏览量、资源的使用频率等情况,机器自动进化优良资源,分解劣汰资源,从而保证资源的优化和调整,实现资源的"优胜劣汰"。

教学资源进化是一个复杂的系统过程,涉及资源、技术、人等多个要素,教育行业需要加大对资源进化的关注,促进资源的智能进化。

(二)智能推送教学资源

随着万物互联的实现,信息和知识的更新速度加快,使优质、个性化的教学资源在短时间内被用户获取,资源推送不失为一种好的方法,也是有效解决学习资源海量增长与学习者信息处理能力有限之间矛盾的有效措施之一。一些互联网公司已经实现商业上的个性化推送,如打车软件可以做到根据用户的位置、目的地等推送合适的司机;电商可以做到根据用户的浏览和购买行为进行追踪分析,进行个性化推荐商品。而资源推送在教育领域也不是新的概念,许多在线学习平台已经具备资源推送的功能。

传统的推送方式主要采用电子邮件推送、用户订阅、发送链接的方式,没有实现个性化、智能化的推送目标。此外,在传统教学中,学生做许多道题,教师才可能发现学生知识点欠缺的地方。在教育领域中要想实现教学资源的个性化匹配,应考虑学习过程的复杂性,对于任何一个学习者,无论当前处于怎样的学习状态,其下一步要学习什么、怎么学、达到怎样的程度,这些都是需要综合判断和测量的。面对这些复杂的教学问题,要基于对学生特征的测量和量化描述,最终推送适合学习者的学习内容。

智能推送可以预测和识别用户的个性化特征与需求,从而有针对性地主动推送教学资源,以便在信息泛滥的大数据时代为用户提供针对性、个性化和智能化的服务,满足用户轻松获取所需信息的需求。

相比传统教学对学生采取的"题海战术",利用人工智能帮助拆分知识点、"打标签"(包括资源类型、难易度、区分度等),为学习者个性化匹配学习资源,智能查找学生学习的盲点与重复率,进而指导或帮助人们减少因为"题海战术"而浪费的时间,提高学习效率。因此,本研究设计出智能推送教学资源的流程。

1. 数据获取及处理

智能推送的前提是获取大量的学习数据,通过数据挖掘与分析,了解学习者的学习习惯、学习兴趣、学习风格、学习偏好等个性化特征。智能化教学环境、教学平台、移动终端以及各种智能穿戴设备等,将学生学习过程数据实时记录下来。根据数据分析对象,提取数据分析中所需要的特征信息,然后选择合适的信息存储方法,将收集到的数据存入数据管理仓库。

2. 智能分析

通过人工智能对学习者的学习情况(学习者模型、学科知识掌握情况、学习情绪等)数据进行深度挖掘与分析,发现学习者的学习强项与知识薄弱点、学习兴趣、所需资源类型等。

3. 智能推送

将系统的资源与智能分析的结果进行比对,选择学习者需要的学习资源,进行针对性推送,保证资源推送的动态性与时效性。

4.检测学习情况

系统推送测试题检测学习者知识点掌握情况,若当前知识点已掌握,则进入下一知识的学习;若判断学习效果不佳,则继续推送不同类型的学习资源。

(三)智能检索教学资源

1.当前检索系统存在的不足

计算机和网络的发展为教与学提供了海量信息资源,如何更好地利用网络资源,提高资源检索的智能化程度是教育技术领域的重要研究方向。目前,网络上有很多搜索引擎。互联网的诞生给教育带来了前所未有的变革,信息资源异常丰富,从我国推行的视频公开课、资源共享课,到近些年由美国兴起的慕课,网络教育资源让学习者"足不出户"便可游遍知识海洋。但是真正想找到适合自身需求、高质量的学习资源却如同大海捞针。当前的检索技术方面还存在一些不足,主要表现在以下方面:一是个性化服务不足,大多数检索系统都是以关键词为检索方式,却无法适应每个用户的检索习惯;二是用户与搜索引擎的交互方式单一,大多还仅表现在文本输入形式的信息交互;三是搜索引擎的相关性和准确度不高,导致用户不能从检索结果中找到符合自己需求的资源。

2.新一代搜索引擎的发展

那么如何让学习者快速准确找到所需资源呢?当智能推送的资源不能完全满足学习者的需求时,学习者又如何根据自身需求,检索所需的知识及资源?

人工智能的出现使得搜索引擎突破传统的网页排序算法,进化到由计算机在大数据的基础上通过复杂的迭代过程自我学习最终确定网页排名。早期的网页排序算法是通过找出所有影响网页排序结果的因子,然后根据每个因子对结果排序的重要程度,用一个复杂的、人为定义的数学公式将所有因子串联起来,计算出结果页面中最终的排名位置。当前搜索引擎所使用的网页排序算法主要依赖于深度学习技术,其中网页排序中的数学模型及数学模型中的参数不再是人为预先定义的,而是计算机在大数据的基础上,通过迭代过程自动学习的。影响排序结果的每个因子的重要程度是由人工智能算法通过自我学习确定的,使得搜索结果的相关度和准确度得到大幅提升。

3.智能检索对教与学的支持

近年来,人工智能在自然语言理解、语言识别、网页排序、个性化推荐等取得的进步,百度、谷歌等主流搜索引擎正在从简单的网页搜索工具转变为个人的知识引擎和学习助理。可以说,人工智能让搜索引擎越来越"聪明"了。搜索引擎的优化,让学习者能够精确找到所需资源,再也不会在知识的海洋中忍受饥渴,其对教与学的支持主要表现在以下两个方面:一是检索交互多样化。智能化搜索引擎可提供多种检索模式,如快捷检索导航、文本信息检索、语音检索、个性化定制导航等,为不同文化背景的资源需求者提供便利。二是检索结果个性化。根据个人信息登录的搜索引擎记录,对检索记录进行数据挖掘、动态语义聚合成个人知识引擎,根据学习者的爱好、搜索习惯等个性化提供资源类型(文本、图片、视频、音频等),有助于拓宽学习者的学习兴趣、开展自主学习,满足学习者的个性化需求,最大限度地避免网络迷航的问题。

三、智能化教学环境

教学环境的发展是促进教学变革的基础。新一代的学习者对教学环境的建设提出了更高的要求,如智能感知学习者需求、个性化提供学习服务等。为满足学习者对教学环境的诉求,智能教学环境成为当代教育环境发展的必然趋势。

(一)智能化教学环境的概念与内涵

1.教学环境的演变

教学环境是影响学习者学习的外部环境,是促进学习者主动建构知识意义和促进能力生成的外部条件。随着技术的发展,教学环境也在不断优化。从早期的留声机,到无线广播应用于远程教学、扩大教学规模,再到电视机支持电视教学,录像机成为视听学习的源泉等,再到现代的多媒体计算机、网络,这些技术都在教学中发挥过举足轻重的作用,对教学环境的发展具有积极的推动作用。1998 年,美国前副总统戈尔提出"数字地球"的概念,并进而引出数字校园、数字城市等概念,教学环境的研究与实践步入数字化时代。然而,数字化教学环境下学生的学习场所仍比较固定,就是教室,学生获取知识的来源也比较单一,主要是教师教授,教师为教学主导,忽略了学生学习的主体地位,以灌溉式完成教学任务,没有很好地指导学生形成勇于探索和批判的创新精神。

2. 智能化教学环境的概念

"数字地球"提出十年后,2008 年,IBM 公司总裁彭明盛提出"智慧地球"的概念。之后不同学者从各自的角度提出关于智慧(能)教学环境的构想。黄荣怀等认为,智慧学习环境是一种能感知学习情境、识别学习者特征、提供合适的学习资源与便利的互动工具,自动记录学习过程和评测学习成果的学习场所。通过分析不同学者的研究可以发现,虽然对智慧(智能)教学环境定义的关注点有所差异,但其核心思想表现出一定的共性,即智慧教学环境是一个智能的学习场所或活动空间,它以学习者为中心,以各种新技术、工具、资源、活动为基础,具有灵活、智能、开放等特性,为学习者的有效学习提供轻松、个性化学习支持。

(1)感知化

智能感知是智能化教学环境的基本特征。在人工智能与各种嵌入式设备、传感器的支持下,对教学环境进行物理感知、情境感知和社会感知。物理感知主要是指对教学活动的位置信息和环境信息进行智能感知,如温度、湿度和灯光等,为学生提供温馨舒适的学习环境;情境感知是从物理环境中获取教学情境信息,识别所需的各种原始数据,进而构建出情境模型、学习者模型、活动模型和领域知识模型,为教学活动的开展推送教学资源、连接学习伙伴等;社会感知包括感知学习者与教育者的社会关系,感知不同学习者的学习与交往需求等。

(2)泛在化

智能化教学环境应该是一种泛在的教学环境,能够支持教学共同体随时随地以任何方式进行无缝教学、学习与管理,同时为其提供无处不在的教学支持服务。泛在教学环境不是以某个个体(如教师)为核心的运转,而是点到点的、平面化的学习互联"泛在"。目前,教学资源都是以文本、视频、音频、动画、图片等数字化形式存在的,利用人工智能可将教学资源数据化,通过将音频转换为文字,将文字内容智能识别,可以提升信息的传播速度、提高教学资源共享率,而且可以根据不同学生的学习风格自动转换学习资源类型,帮助学习者获得更好的学习体验。

(3)个性化

在大数据、学习分析、数据挖掘等技术的支持下,为教师和学生提供个性化的教学环境是教学环境发展的重要方向。智能化教学环境通过感知物理位置和环境信息,记录教师和学生教学与学习过程中形成的认知风格、知识背景和个性偏好,从而为其提供个性化的教学资源、工具和服务。

(4)开放性

利用人工智能打造一种云端学习环境,为学习者提供开放的、可随时访问的、促进学生深入参与的学习环境,支持开放学校、开放教师、开放学分、开放教学内容,支持全球课堂的发展。在云端学习环境下,学习者不再是系统地听教师的知识传授,因为知识在家里也可获取,在这种环境下重要的在于交流,学习环境由原来的知识场变为行为场、交流场、激发场,通过局部小环境的变化带来学校环境的整体变化。正如美国斯坦福大学的新型教育模式"斯坦福 2025 项目"所指出的那样,教育不是去教授,而是为学生创造新型的学习环境。

(二)智能化教学环境的技术支持

教育人工智能的目标就是促进自适应学习环境的发展。新一代人工智能发展规划指出,要实现高动态、高维度、多模式分布式大场景感知。人工智能不仅要听懂人类的声音,更重要的是要学会"察言观色",感知人类的情绪。在这方面,智能感知、智能识别等技术的飞快发展,为智能化教学环境提供了有力支撑。

1. 智能感知

智能感知是利用 RFID、QRCode 等各类传感器或智能穿戴设备,获取教师和学生的姿势、操作、位置、情绪等方面的数据,以便分析教学和学习过程信息,了解访问需求,连接最有可能帮助解决问题的专家,或者为学习者构建相同学习兴趣的学习共同体,提供合适的支持服务。

智能感知是实现个性化学习资源推送的基础,其目标是根据情境信息感知学习情境类型,诊断学习者问题,预测学习者需求,以使学习者能够获得个性化学习资源。智能感知涉及学习者特征感知、学习需求感知等。在学习者特征感知方面,智能教学环境综合数据分析和学习者行为分析,能够自动识别学习者特征,判断学习者的学习风格,进而帮助教师准确定位,实施更具针对性的教学。在学习需求感知方面,通过智能感知教学环境、识别学习者特征、学习数据分析等方面智能匹配学习任务、学习内容,根据学习者情绪变化智能调节教学进度。

2. 生物特征识别

生物特征识别技术是指通过个体生理特征或行为特征对个体身份进行识别认证的技术。其在教学中的应用较为广泛,无论是语音识别、人脸识别、动作识别,还是脑波识别,都属于生物识别范畴。这些识别技术应用于教学,有利于教师识别出学习者的学习状态,动态调整教学内容、教学进度,实现更好的教学效果。

(1)人脸识别

人脸识别是一种机器视觉技术,是人工智能的重要分支。近年来,人脸识别渐渐走入我们的日常生活,如火车站安检、刷脸支付、刷脸开机(手机)等。在教学领域,人脸识别在教学场景中也慢慢发挥其作用。一方面,人脸识别技术可用于国家教育招生考试中,严密防范考试作弊行为;另一方面,可以在智慧教室中,配备高清摄像头,捕捉每一个学生的面部表情,根据面部表情分析出学生的注意力是否集中,以及对所学知识点的掌握情况,然后将这些数据反馈给教师。教师根据反馈调整讲课的节奏、讲课的内容,以达到更好的教学效果。来自美国北卡罗来纳州立大学的研究者,通过教学实践,识别、收集、分析学习者的面部表情,得出学习者的面部表情与皮肤电传导反应可以用于预测学习效果的结论,并指出当发现学习者出现学习困难时,可提供相应的学习辅导。

(2)动作识别

动作识别是人工智能模式识别的一个分支,研究怎样使计算机能够自动依据传感器捕获到的数据正确辨析人类肢体动作,将动作准确分类,还可以根据某些策略和规则对该动作提出干预意见,从而帮助人类修改可能产生的异常行为。动作识别可以用于实训型的教学场景中。传统实训课堂环境下,学生操作是否正确需要教师进行判别,但教师在有限精力内只能观测少量学生。将动作识别应用于教学环境可以有效解决以上问题,系统可以自动识别每一个学生的操作,与系统库内的标准动作进行比对,判断学生操作是否规范。

(3)声纹识别

声纹识别是指根据待识别语音的声纹特征识别讲话人的技术。声纹识别技术通常可以分为前端处理和建模分析两个阶段,声纹识别的过程是将某段来自某个人的语音经过特征提取后与多复合声纹模型库中的声纹模型进行匹配。常用的识别方法可以分为模板匹配法、概率模型法。通过声音识别,推断教学过程中学生的自尊、害羞、兴奋等情感,从而发现学生可能遇到的问题。

(三)综合的智能化教学环境——智能校园

智能校园是数字校园的进一步发展,也是建设智慧校园的物质基础,其主要强调依托人工智能等技术的应用服务。智能校园是智能化教学环境的重要组成部分,智能校园建设要以提高学习者的智慧为目标。

1.智能校园的建设目的

(1)引领教学创新与变革

面对当前教学过程中存在的互动性不高、参与率低等问题和"瓶颈",教学创新和变革迫切需要智能化环境为其提供支撑。智能校园通过情境感知、学习行为分析、大数据分析等工具,为实现技术与教育的深度融合、指导教育教学发展提供了可能。营造广泛、灵活、智能的学习环境,为教学、学习、教学管理与评价等提供优质的服务。面向未来高水平的智能校园建设,应该能够支持教学方式、学习方式、教学管理与教学评价的创新与变革,促进教育均衡发展。

(2)培养创新型、智慧型人才

建设创新型国家,培养创新型人才是国家首要的战略任务。从一定意义上说,创新型人才正以前所未有的时代需求承载着推进国家自主创新在激烈的国际竞争中占据主动的任务。校园作为学生学习和生活的主要场所,对创新人才的培养发挥着不可替代的作用。而学生的自主创新意识不是教师直接赋予的,是在适宜的教学环境中成长的果实,就好像"橘生淮南则为橘,生于淮北则为枳",人也是环境的产物。当下教育者的首要任务,就是要为创新人才的成长、发展提供所需要的环境和氛围。

2.智能校园的建设内容

目前,各个学校与企业联合打造的智能校园建设主要包括智能网络基础设施、智能感知设施、交互式教学环境、智能分析决策系统。

(1)智能网络基础设施

建设智能校园的基础是建设智能网络基础设施。首先对现有的网络基础设施进行升级、优化与完善,打造云智能基础设施与虚拟网络存储空间,加快上传下载速度,确保学校无线网络无缝覆盖以及校园网的安全、稳定运行,保证教师和学生可以随时随地在线学习、下载资源。

(2)智能感知设施

融合人工智能、物联网等各种技术与网络环境,实现智能感知与管理。例如,通过校园摄像头的人脸识别功能,对学生的学习状况和人身安全进行检测。

(3)交互式教学环境

创造交互式教学环境的要点在于支持学习者主动建构问题,并为学生解决问题搭建良好条件(如提供相应设备、资源无缝获取等)。例如,新加坡南洋理工大学兴建的互动学习环境"创意之坊"有 56 间智能教室和13 间讨论室,每个智能教室里有若干 LED 屏幕、无线通信设备及灵活的座椅。学生可提前进行在线学习,再到教室与教师、同伴进行深入讨论,学生可以将智能手机或平板电脑等设备连接到屏幕,进行头脑风暴。

（4）智能分析决策系统

通过对教学环境中的数据进行采集与分析,为学生个性化学习、教师精准教学、管理者科学决策提供支持服务。

3. 智能校园建设的策略

（1）加快创新,引领智能校园改革发展

创新是校园的灵魂和生命力所在。智能校园的建设应该在学校发展理念、目标、育人方式和育人环境方面有自己的特色,要以现代化的发展理念为主,主动参加"互联网＋"行动计划、大数据发展战略,结合自身校情的实际,不断提升自身层次,坚持与时代发展同步、与师生要求相符。坚持创新发展必须全面推进教育创新,这是校园不断保持活力的根本。

（2）注重协调,促进智能校园持续发展

智能校园建设要全面、协调发展,首先要形成具有地方特色的校风、校训、办学思路、发展目标等内容,为整个智能校园体系建设提供精神动力。其次要形成一定的制度约束,包括各种管理和责任制度,对学校全体师生的言行起到约束作用。最后是智能校园的外在表现和物质载体,包括校园建筑、人文环境、活动设施等,它是能被师生直接感知的,从而影响身在其中的师生。在协调发展理念的引导下,要着眼于学校的未来,形成可持续性发展的机制,促使智能校园建设工作稳步向前。

（3）倡导绿色,促使智能校园健康发展

智能校园建设应大力提倡资源节约和环境保护,利用大数据技术对智能校园内的水、电等各种资源监控管理,利用信息技术的发展大力推进教学电子化和办公电子化,构建一套资源消耗低、综合效益好的运行模式。要引导师生树立资源节约和环境保护的意识,合理利用学校资源,全面实行低碳发展,这是绿色发展的第一层含义;同时,智能校园的建设要更加注重学生的身体健康。智能校园建设应推动绿色发展,营造舒适、健康的学习环境和智能化的生活学习环境,促进学生的健康成长。

(4)厚植开放,提升智能校园影响力

"互联网+"背景下,人与人之间的联系得到了空前的拓展,智能校园要凝聚开放的共识、增强开放的自信、厘清开放的思路、把握开放的重点、提高开放的能力,以互惠互利为准则,坚持"引进来"和"走出去"并重,拓展校园空间,形成开放创新新格局。

智能校园要开放发展,更加注重优化,努力弘扬和传播优秀校园文化,开创文化交流和文化传播新局面,提升校园文化影响力。一是需要进一步提升对外开放的层次。主动与世界名校联合开发在线课程,实现校际选课、学分互认制度;聘请国内外优秀师资,校企联合建设高水平研究中心、创客中心等,探索高层次研学新模式。二是要加大对外交流力度,与国内外高校进行合作,扩大交流培养学习的机会,尽可能满足更多优秀学子的出国学习交流需要,同时积极为教师赴国外高层次机构访学交流提供便利。

(5)推进共享,打造智能校园共同体

共享发展理念要求实现人的公平发展,即实现人人参与、人人尽力和人人享有。智能校园建设要以共享为价值引领,让全校师生平等享用学校资源,同时让更多人共享资源发展成果,从而打造智能校园共同体。以共享理念打造智能校园共同体,首先要打破信息壁垒、信息孤岛,消除信息鸿沟,拓展智能校园功能,扩大共享的覆盖面,更加重视公平和正义。智能校园的空间和教学资源应对社会人员进行适度开放,使智能校园资源更好地服务社会的发展。未来是大数据时代,只有共享才能得到全面发展。

第三节　人工智能促进教与学方式变革

智能化教学资源和智能化教学环境的建设是教学变革的基础。在教师教学方面,人工智能可以辅助教师开展备课、授课、答疑等环节,有效促进教学进一步向智能化、精准化和个性化方向发展;在学生学习方面,人工智能可对学习者预习、交互、练习、深度学习等过程提供支持,帮助学生不断认识自己、发现自己和提升自己,改进学习体验。

一、智能化教学

人工智能应用于教学,不仅可以辅助教师备课,实施精准教学,开展个性化答疑与辅导,而且可以大大减轻教师的负担,提高教学效率。

(一)教学发展的过程

随着信息技术的发展,教学形式也在不断变化。根据技术工具在教学中的应用,可以将教学发展过程分为传统教学、电化教学、数字化教学和智能化教学四个阶段。

随着幻灯、录音、录像、广播、电视、电影等技术在教学活动中的应用,传统教学开始向电化教学转变。从早期的留声机播放语言发音,到无线广播应用于远程教学、扩大教学规模,再到盘式录音机可以进行标准发音,以及后来电视教学、录像机成为视听学习源泉等,这些都对教学的发展具有积极的推动作用,扩大了教学范围,提高了教学效率。

在互联网、计算机、移动终端发展的推动下,教学模式逐步走向数字化,教学理念也由"教师主体"转变为"教师为主导,学生为主体",师生地位被重新定位。网络技术、多媒体的广泛应用使教学形式更加丰富,出现了网络教学、混合式教学、翻转课堂等新型教学模式;音频、视频、动画等媒介形态和虚拟现实、增强现实技术使教学内容和形式更加多样化和立体化。

从传统教学到数字化教学,教学理念、教学内容、教学工具等都发生了很大改变,然而信息技术与教学还未深度融合,教学质量还未得到显著提升。面对数字化教学发展存在的难题,如何创新应用人工智能、大数据、云计算等技术提升教学的智能化水平,促进技术与教学的深度融合,成为智能教学发展亟待解决的问题。

(二)智能化教学的内涵

在传统教学环境下,由于缺少技术支撑,教师往往根据经验来开展教学,因而难以实现真正的个性化教学。近年来,随着大数据、人工智能等技术的发展,人工智能融入教学,使传统教师、学生为主的二元教学主体向机器、教师、学生为主的三元教学主体转变,有助于提升教师的教学智慧,促进创新创造型人才的培养。

1.智能化环境是智能化教学的基础

智能化教学环境的建设为开展智能化教学创造了条件。传统教学、数字化教学再到智能化教学的改变是伴随着教学环境不断发展的,而每次变化都会对教学理念、教学模式等产生影响。在教学方式上,智能化教学环境提供的各种智能化教学工具和优质教学资源,为精准教学、个性化教学的开展提供了有力支持;人工智能与虚拟现实、增强现实的结合使教学更加立体、形象;大数据技术强化了对教学数据的分析能力,使教学更具针对性。

2.机器、教师、学生是智能化教学的主体

教学主体的发展经历了教师唯一主体、学生唯一主体、双主体论、主导主体说、三体论、主客转化说、复合主客体论、过程主客体说等发展过程。

可以发现,无论是何种学说,教学过程的核心要素都是教师和学生,在教学中出现的音频、视频、动画等媒介形态,录音机、电视等教学工具,虚拟现实、增强现实等技术手段,也仅仅是充当辅助教学的角色,并没有改变教学核心要素的地位。当人工智能进入教学,机器可以在整个教学过程中辅助教师备课、演示、教学、答疑、测评,全方位陪伴学生学习,教学核心要素因此发生改变,教师、学生和机器成为教学的核心,机器将在教与学这一过程中扮演重要角色。

从教师—机器视角来说,一方面,教师可以向机器发令,利用机器帮

助教师搜索优质教学资源,将智能机器生成的个性化教学内容推送至学生学习空间,通过学情分析报告了解班级整体学习情况;另一方面,机器可以向教师提醒教学过程中学生存在的问题,提供决策支持服务,帮助教师批改作业、进行答疑,减轻了教师的负担,使教师可以把更多的时间和精力用于提升教学质量和教学创新上,最终实现机器与教学场景的紧密融合,为学习者提供更具个性化的教学体验。

从学生—机器视角来说,学习者在学习过程中可以随时向机器提问,搜索学习资源等。而机器在学生学习过程中可以起到引导、陪伴、激励、调节学习情绪的作用,让学习者感受到学习伙伴的支持,减少畏难情绪,激发学习兴趣。智能机器通过分析学生的基础信息数据、行为数据和学习数据,智能生成个性化学习路径,提供个性化学习支持服务,推送个性化学习资源以及进行智能测评与及时反馈,帮助学生更好地进行自主学习。

从教师—学生视角来说,人工智能进入教学,教师能够及时感知学生的学习需求,提供个性化学习支持,学生与教师间的交互更加及时、流畅,教学不再是"满堂灌",而是学生主动探索、主动学习的过程。

3. 智能化教学有助于提升教师的教学智慧

智能化教学使教师的课堂管理更加高效,教师可以实时掌握学生的学习状态,提供有针对性的指导。通过智能化机器辅助教师备课,帮助教师批改作业,大大减轻教师教学负担,使其将更多的时间用于思考教学设计,与其他教师分享教学方法、心得体会,更好地进行教学反思,促进教学效果的提升。

(三)智能化教学模式设计

以教师、学生、机器为核心的教学主体的改变,将实现教师与机器、学生与机器、教师与学生的交互更加高效、开放和多元,技术的发展、环境的改善、自适应学习资源使教学过程更加流畅、教学交互更加深入及时、教学效果更加明显。从课前、课中到课后,智能化教学相比传统教学在各个环节上都更加高效,围绕人工智能发展带来的变化构建了智能化教学模式。

课前,教师将学习目标、个性化的预习内容推送至学生个人学习空间,学生进行自主预习。教师可远程监控学生的学习轨迹,根据学习者的学习行为、学习进度及时推送个性化的学习资源,满足学习者的学习需求,并随时提供远程辅导。所有学生完成课前预习时,智能教学平台自动生成预习报告,教师可查看班级整体以及学生个体的学习情况,了解学生知识薄弱环节,进而调整教学内容,设计更具针对性的课堂活动。

课中,教师首先对学生课前的预习情况进行快速点评,总结学生在预习过程中存在的共性问题。通过智能教学平台,学生可以与教师实时互动,教师可以"一对多"地解决不同学生的问题,充分调动学生课堂学习的积极性,使每一位学生都参与其中;实时监控每一位学生的学习过程,了解其学习进展与困难,进行个性化指导。

课后是学生对课堂所学内容进一步深化的过程,智能平台对学生课堂学习的数据进行分析,智能判断每个学生可能存在的知识难点,提供个性化学习辅导。对于教师而言,智能教学平台可根据教师的教学过程和学生的课堂表现,给予教师关于教学方法的针对性建议,帮助教师及时反思、查漏补缺,实现分层教学。下面,笔者将围绕课前智能备课、课中精准教学、课后教学反思进行具体探讨。

1. 智能化备课

备课是真实教学实践的预演,其既是确保教学质量的条件,也是教师专业发展的途径,是教师教学工作的关键环节之一。备课过程中教师要尽可能照顾所有学生的学习进度。而在真正的教学中,教学进度难以掌控,可能出现有些学生"吃不饱"、有些学生"无法消化"等情况。由人工智能辅助教师备课,可以有效地解决上述问题。具体的备课过程包括钻研教材、学情分析、规划教学过程。

(1)钻研教材

备课不能只做表面文章,应付学校检查,更不能一味地奉行拿来主义,拿起参考书就抄、拿起网络搜索的课件就用、有现成的教案就搬。教师要告诉学生本节内容在整个学习阶段的地位和作用、学习它是为解决什么问题、本节的思想方法是什么、学习后可以提升哪些能力。因此,备课的前提是教师要认真钻研教材,熟练掌握教材的内容,明确教学目的、教学重点和难点以及教学方法的基本要求等,要能做到统领全局、抓住教学主线。

教师在认真钻研教材的基础上,利用智能备课系统进行备课。首先,备课系统可以根据教师的授课教材信息和即将要备课的章节,向教师推荐优秀教案,教师通过学习教案,吸收先进的教学方法和教学思路。其次,备课系统可智能推送与该教材章节相关联的各类资源,教师自主选择适合教学内容的教学资源,或者教师通过智能备课系统自动搜索教学资源来充实教学内容。例如,IBM Waston 研发的教师辅助工具 Waston 1.0,利用自然语言理解技术创建了智能搜索引擎,教师可以通过搜索找到所需的内容。另外,理论上通过人工智能深度学习月户的数据进行不断改进和完善搜索引擎,能够为教师提供丰富的资源。

(2)学情分析

教学是教师教和学生学的双向互动过程,因此对学生的分析是教师备课过程中不容忽视的环节。教师对学生进行分析,不仅要了解整个班级的学习氛围,还要了解每个学生对学科知识和技能的掌握程度、学习习惯和学习态度、思维特点等。学情分析是教师进一步设计教学活动、选择教学资源的依据。然而,教师以往对学生的分析一般是依据个人教学经验和对学生的主观认识进行的,无法了解班级所有学生的学习情况,也就无法实现真正的因材施教、个性化教学。

近年来,随着人工智能、大数据与学习分析技术的发展,教师可以轻松了解每个学生的学习特点。通过智能环境记录学生的学习过程数据,基于大数据技术可以智能分析和挖掘学习者的知识掌握、学习兴趣、学习风格等信息。通过备课系统对教学平台上学生的作业练习、预习准备情况等数据进行挖掘分析,可视化呈现"诊断报告单"。报告上显示每一个学生对当前知识点的掌握情况,并给出分析如何改进、对症下药,从而查漏补缺,制定科学、合理的个性化教学方案,这有利于满足学生的学习需要,提高教学效果。

(3)规划教学过程

教师在理解教材、了解学生的基础上,要依据学习者的学习风格、学习需求等参数,选择教学资源、教学策略,规划教学过程,要做到重点突出、难易适度、论据充足,以保证学生有效地学习。教师在对上述内容了然于胸时,通过搜索与整合智能备课系统中的资源,形成电子教案。同时,智能备课系统依据教案内容为教师制作课件以及提供课堂测试习题。教师仅需根据所教班级的学生特点与个人的教学习惯,对教案、练习题以及课件稍做调整即可用于教学。

2. 精准教学

精准教学是基于斯金纳的行为学习理论提出的方法,用于评估任意给定的教学方法有效性的框架。从理论上来看,精准教学可以追溯到孔子的因材施教和苏格拉底的启发式教学,他们都把"精准"作为教学的目标和理想。

在传统教学环境下,由于缺少技术支撑,教师往往是根据经验开展教学,难以实现真正的精准教学。近年来,大数据、人工智能等技术的发展,使精准教学成为可能。本研究所探讨的精准教学,是借助大数据、人工智能等技术手段提供个性化教学内容、实时监控教学过程、智能指导教学,即利用技术辅助教师更好地进行因材施教。

(1)提供个性化教学内容

当前学校教育中,教师根据课本以及学校安排的课程时间进行教学。每年的教学内容几乎一致,教师无法及时补充并拓展教学内容。而且,传统教学过程对所有学生采用统一的教材,不能够为学生提供个性化的教学内容和研究方向。而要实现对学生的个性化教学,就要为学习者提供不同的教学内容。但对一个知识点实行个性化教学,就需要提供成百上千的教学内容,而所有这些知识内容都靠人工开发是不现实的。

利用人工智能可动态组合出符合学习者特定风格、特定能力结构、特定学习终端、特定学习场景、特定学习策略的个性化学习内容。在人工智能取得突破性进展以前，上述内容的提取和建模不太理想，因而为学习者提供个性化教学内容和制定个性化教学方案一直难以真正实现。随着人工智能、大数据、云计算等技术的不断成熟，基于上述智能技术进行学习者行为精准数据挖掘，为个性化教学内容建设提供了关键技术支撑。

目前，在提供个性化的学习内容和差异化的学习辅导方面，Knewton平台可以满足不同学习风格和不同学习习惯学生的需求，并根据学生的学习进度不断调整。在技术层面，Knewton平台构建了三部分基础设施，包括数据基础设施、推理基础设施和个性化基础设施。其中，个性化基础设施部分包括推荐引擎和预测分析引擎。推荐与预测分析引擎能为学习者持续推荐个性化学习内容，并对学生的内容掌握程度、学习表现等方面进行精准推断。

未来，每位学生学习的课程、科目、内容将不尽相同，实现个性化培养，可以打破同样年龄的学生在同一时间、同一地点学习同样内容的教学形式。

（2）实时监控教学，记录教学数据

传统教学中教师无法记录教学过程中的数据，而数据是基础信息，只有采集了教学过程中常态化的海量数据，教师才能说"了解"每一个学生，才能看到学生发展进步的动态过程。智能教学平台、智能穿戴设备等技术手段已经可以将教学过程中的数据记录下来，为指导教学提供支持。

课堂教学中，通过情感计算对整个教学过程进行实时监测，推断学生的学习状态和注意力状态，实时调控教学过程，并将这些监测数据实时上传至人工智能教学平台，作为教师评估学生课堂学习表现和改进教学策略的依据。学习状态和注意力状态监测主要包括声音监测、面部表情监测、脑电图监测等。

麻省理工学院的 Sandy Pentland 团队开发了一个"智能徽章"，它能追踪佩戴者的位置，也可以感知其他徽章佩戴者的位置，并从佩戴者的声音中察觉情感。未来可以将这项技术应用于教学，学生佩戴类似功能的徽章,当学生走神时,徽章通过信号传递到人工智能教学系统,使教师可以轻易发现哪些学生需要被关注。

类似地,Altuhaifa 也提出了一个通过学生的声音推断情感的系统,该系统通过捕捉声音、提取语音的特征、从声音中提取情感、识别验证的声音、分辨重叠声音等过程,来对语音、语调进行分析,推断学生的兴奋、难过、害羞、恐惧等情感,从而发现学生在课堂上遇到的问题,并由系统提供一个合适的解决方案。

通过监测学生的脑电波来识别其注意力水平,也是一种可行的方案。由哈佛大学中国留学生组成的开发团队 Brain Co,研发出一款脑机交互应用 Focus1,该产品可以通过前额和耳朵后面的传感器来捕捉学生的脑电波,从而判断学生的注意力水平。

(3)精准指导教学

在借助相关智能教学平台组织教学的过程中,实时便捷地采集学生学习过程中的数据,智能分析学生的学习态度、学习风格、知识点掌握情况等信息,使教师能够精准掌握学生个体的学习需求,智能辅助教师开展动态的教学决策,依据教学数据,开展针对性教学,从而帮助每一个学生实现个性化学习,用技术提升教学效率。另外,通过统计班级整体的学习氛围状况、薄弱知识点分布、成绩分布等学情信息,教师能够精准掌握班级整体的学习需求,最终为合理规划教学资源、恰当选取教学方式提供专业指导意见,实现教学过程的精准化。

3. 智能化答疑与辅导

个性化答疑与辅导一直是教育追求的目标,然而课堂教学时间有限,教师无法为所有学生答疑和辅导,但人工智能的发展,为解决上述问题带来了新的方案。

(1)智能辅导系统

智能辅导系统是指一个能够模仿人类教师或者助教来帮助学习者进行某个学科、领域或者知识点学习的智能系统。一个成功的智能教学系统应当具备教育者的基本功能,即拥有某个学科领域的知识,用合适的方式向学习者展示学习内容，了解学习者的学习进度和学习风格，对学习者的学习情况给予及时而恰当的反馈，帮助学习者解决问题。通常情况下，一个智能教学系统通常包括学习者模型、领域模型和教学模块。学习者模型主要描述学习者的知识水平、认知和情感状态、学习风格等个性信息；领域模型是采用各种知识表示方法来存储学科领域知识；教学模块（或辅导模块）是具体实施教学过程的模块，包括生成教学过程和形成教学策略的规则。

例如，IBM 的 Watson 助教是通过建立教育领域的专家知识库，实现类似教师功能的智能指导。美国佐治亚州理工大学计算机科学教授艾休克·戈尔用人工智能回答慕课课程问题。他将名为吉尔·沃特森（Jill Watson）的机器人（一款基于 IBM 沃森技术的聊天机器人）安排做助教，为学生授课 5 个月，这一聊天机器人回答问题能力非常强，学生甚至没有注意到课程助教是个机器人。

未来，通过建立相应的知识图谱与知识库，结构化处理后内置到机器人中，人工智能就可以实现接收问题、建立问题库、自动答疑，并将典型问题传送给教师为学习者答疑解惑。

（2）利用智能图像识别技术进行扫描识图、在线答疑

教学中有时会存在一些抽象难理解的知识点，如物理的磁场分布、化学的有机分子空间构型等。对这些抽象的知识点，学生学起来很困难，同样教师教起来也会感觉无从下手。为了将这些抽象的知识变得具象化，一些教育机构将人工智能与增强现实结合，推出了将人工智能应用于教育行业场景的产品——"AR 知识点解析"，即通过图像识别、增强现实、3D 模型等技术原理，将抽象的知识真实、立体地呈现在学习者面前。以前不擅长空间想象的学生，对于这些抽象的内容可能无法理解，但是跟随 AR 动态地讲解，学习就会变得轻松高效。

学习者在学习过程中只要对着书上一张二维图像进行扫描，手机就会在较短的时间内匹配出正确的知识解析，帮助学生梳理相关的知识点，为学生呈现清晰的知识脉络。当学生在解题过程中遇到困难时，只要手

机点击相机切换至 AR 模式,手机摄像头就会对题目知识点配图扫描提取特征点,并与已记录的知识点配图特征点进行配对,从而加载预先设计好的 3D 模型知识点信息,将原本枯燥、抽象的知识点变得更加直观形象,大大提高复习效率。

立体化呈现,将内容严谨、有趣的科学知识以逼真的画面呈现,会让学生感觉犹如置身其中,轻松领略自然、科学、历史、人文、地理的千姿百态,而且可以增强学生的体验感,同时对提升学生的认知能力很有帮助。

二、智能化学习

学习方式变革应关注学生的"学",着重思考怎么引导学生学习,通过制定不同类型的学习任务,营造支持性学习环境,帮助学习者自适应预习新知、智能交互学习新知、智能化陪伴练习、智能引导深度学习,从而提升学习效果。

(一)学习的发展过程

基于学校教育的学习发展过程主要经历了传统学习、数字化学习和智能化学习三个阶段。这三个阶段的学习方式是递进的,新学习方式的出现以原有学习方式为基础,每一种学习方式在不同阶段都会被赋予新的内涵。

传统学习主要依赖于教材,是学生进行记忆、背诵、纸本演算的学习过程。学习只是为了知识的提升,仅仅考查学生对知识的掌握程度,忽视了综合素质、能力的培养,导致学生只重视考试成绩,往往临阵磨枪,制约了学生创新能动性的发展。

数字化学习对人类学习发展具有重要意义,引领人类的学习进入网络化、数字化和全球化的时代。数字化学习是指学习者在数字化学习环境中,借助数字化学习资源,以数字化方式进行学习的过程。它包含三个基本要素,即数字化学习环境、数字化学习资源和数字化学习方式。数字化学习环境主要通过多媒体设备、交互式电子白板、计算机和互联网构建。数字化学习资源具有多样化、丰富性等特点,可以实现大范围的开放共享,满足学习者多元化的学习需求。数字化学习资源和学习环境的支持,为多样化的学习方式提供了条件,有助于促进学习者综合素质的全面发展。

(二)智能化学习的内涵

贺相春(教育技术学博士、副教授、硕士研究生导师、互联网教育数据学习分析技术国家地方联合工程实验室副主任、甘肃省高等学校创新创业教育教学团队成员。研究方向为在线与移动学习环境构建、教育大数据分析与应用、学习分析与评测、自适应个性化辅助学习等)认为,智能化学习是学习者在智能导师、智能学伴的协助下开展泛在学习,获得虚实结合的无缝学习体验,开展创新实践与研究性学习。还有学者认为,智能化学习的特点主要体现在易获取性、及时性、持续性、主动性、交互性、场景性。综合相关学者的论述,本研究认为,智能化学习使学习者在智能化学习环境中按需获取学习资源,自主开展学习活动,享受个性化学习支持服务,获得及时反馈评价,能够正确认识自我的不足与优势,促进综合素质和创新能力的提升。

1.正确认识自我的不足与优势

正确认识自我的不足与优势是学习者能够运用合适的方法提升自我的基础。在传统教学过程中,学生的学习比较被动,一致的学习内容、学习工具、学习活动,缺少个性特征。标准化的学习使得学习者容易随大流,难以真正认识到自己的不足与优势。智能化学习过程中,学习者可以获得自适应学习资源,通过智能化测评工具获得及时反馈,发现自己的认知特征、学习偏好、优缺点等。智能化学习能让学习者清楚自己的学习目标,定位自己的发展方向,认识自身存在的价值,挖掘自身潜能,实现个性化成长。

2.促进综合素质和创新能力的提升

智能化学习的最终目标在于提升学习者的实践能力、创新能力和终身学习能力。智能化学习强调情境感知,使学习者在情境中获取知识、在实践中运用知识,启发学习者的创新意识,不断激发学习者的求知欲,让学习者在探索知识的过程中提升自身的综合素质和创新能力。

(三)智能化学习的一般流程

智能化学习是在智能化学习环境中开展的以"学习者为中心"的学习活动,不仅能够使学习者及时获取所需资源、评价反馈,还能使其享受个性化学习支持服务,使学习变得更加轻松、高效和有趣。

1. 自适应预习新知

自适应学习是一种复杂的、数据驱动的过程,很多时候以非线性方法为学习提供支持,可以根据学习者的交互及其表现动态调整,并随之预测学习者在某个特定时间点需要哪些学习内容和资源以取得学习进步的方式。自适应学习不仅有利于真正实现个性化学习,而且有利于个性化人才的培养。

目前,人工智能已经广泛融入自适应学习技术支持的产品或服务中,智能化教学平台就是典型的应用。人工智能支持的自适应学习不仅可以提升学习者的学习兴趣,使学习者积极参与其中,而且能够提升学习者的自主学习能力,帮助学习者找到适合自己的学习方法。例如,Knewton作为目前影响力最大的自适应学习平台,通过为学习者提供自适应内容定制和预测分析,为学生提供个性化的学习体验。

知识不再是课堂上由教师传授,而是由学习者在课前自主预习、自主获取。智能化环境为学习者开展课前自主预习提供了有效支持。课前教师通过智能化教学平台,根据个体的行为特征、学习习惯以及学习进度,推送具有针对性的学习资源至学生个人学习空间,方便学生进行预习。这种预习是具有可控性的,对于学生完成预习、预习的情况和答题情况,都会在教师端以数据的形式直观呈现。教师可以对学生的学习轨迹进行远程监控,及时了解学生的预习情况,并对预习数据进行分析,初步了解学生在预习过程中遇到的问题以及容易出错的知识点,做好教学记录,并随时提供远程辅导。

自适应学习要能够在具体场景中巧妙呈现学习资源,激发学习者的学习兴趣,让学习者在潜移默化中增长知识。将知识融入具体生活场景

中,更有助于学习者的消化、吸收。因此,要尽可能地创设情境实现自适应学习,具体可以从以下三个方面来实现:

一是"知人善供"。自适应学习的前提是人工智能系统要了解学习者的特点和需求,在此基础上运用人工智能。系统可随环境的变化因人而异地提供适配的学习资源,每位学习者都可以听到与自己专业相关且感兴趣的话题。

二是"识物即供"。在学习者用手机扫描自然环境中的物体时,人工智能系统可以对其进行识别,并在此基础上为学习者自动显示、朗读、播送识别物体的相关内容。学习者可以自主控制朗读的节奏、是否显示中文翻译、是否进行反复听读,同时系统可以向学习者推送相关内容。

三是"远程随供"。可利用人工智能推送国外或较远距离场景化的内容,从而让学习者借助不断变化的条件进行更好的情境化的学习,进而更好地培养学习者的国际化视野,让学习置于真实的环境之中,从而达到更好的学习体验,提升学习者的学习效率。

此外,还可设置人工智能虚拟教师,使学习者可连接任意场景,听虚拟教师讲解自己感兴趣的地理、文化等,让学习回归到具体场景当中,如各种日常生活、旅游出行、校园生活、职场办公、休闲娱乐等。学习者也可通过角色扮演,参与到具体的学习场景中,将枯燥的学习内容变为形象、立体的内容,进而学得轻松、愉快、高效率。

2. 智能化交互学习

心理学家皮亚杰(Jean Piaget)认为,学生在学习过程中与外部环境进行互动交流,有助于逐步构建起自身的认知结构,从而有效提高学习效率。但是传统课堂教学过程中缺乏有效互动,学生大多处于被动学习的地位。

近年来,人工智能领域的研究者也开始探索各类新的技术层面的交互方式,如自然语言处理、模式识别等,这些技术可用于提升教育人工智能应用的性能。而人机交互是人工智能领域的重要研究部分,人机交互可以重构学习体验,提供更具互动性的教学,甚至可以从视觉、听觉、触觉来影响人们的认知。人工智能可以从以下两个方面为学习交互提供支持：

（1）人机交互重构互动性的学习

前文提到的智能化教学工具——智能化教学平台可帮助重构互动性学习。

第一，通过智能化教学平台和学生使用的手机移动终端，上课前，学生通过扫描投影幕布上的二维码即可完成签到，教师再也不用浪费时间点名，从而节省了课堂时间。

第二，传统课堂上，个别教师只关注成绩较好或较差的学生，这些学生被点名回答问题的次数也比较多，而其他学生与教师交互较少，也存在侥幸心理，不会认真思考教师提出的问题，而智能化教学平台可以有效地解决这一问题。通过随机提问功能，让学生的名字滚动在屏幕上，让每一位学生都可以集中注意力、认真思考，有效提升课堂交互效果，平均关爱到每一位学生；还可以通过抢答功能，解决学生故意低头不愿意举手回答问题的冷场情况，改变传统学习习惯，活跃课堂教学气氛；而且教师可以将学生的回答记录到教学平台上，给出学生评价。

第三，随堂测试功能可以方便教师实时掌握学生的课堂学习情况，调整教学步调。课堂上可以进行实时答题，教师可以自由选择是否开启弹幕，学生通过手机或者平板电脑发表疑问、提出看法。这些内容会实时显示在屏幕上，以弹幕形式的教学模式极大地激发学生学习兴趣。

第四，学生可以将课下预习过程中存在的问题发布在教学平台上，一方面，通过人工智能系统的语义识别，机器可以及时回复学习者提出的基础性知识问题，极大地节省师资；另一方面，教师可对学生学习本课有一个大概的了解，明确教学中的重点和难点。

（2）小组交互构建学习共同体

智能化教学平台还有一个分组功能，教师可以利用人工智能对每个学生的知识点和技能操作水平的了解进行合理分组，从而完成特定任务。智能化教学鼓励学生进行合作学习。人工智能社会，很多工作不是凭个人能力就可以完成的,它需要团队合力完成,在团队中,每个人都发挥自身优势,精诚合作。通过小组成员互相督促和引导,在课前一起预习教师推送的学习资料,共同发现问题、解决问题,有效培养学生的探索能力;课堂上可以对教师所提问题共同探讨、自由发表意见,教师也可以通过这一过程了解学生的学习心态与思路;课下,可以共同完成分组作业,培养学生的交际能力与合作能力。

3.智能化陪伴练习

陪伴是最好的教育,但是很多家长对陪伴有误解,以为陪孩子做作业、随时跟在孩子身边就够了,这些最多可以被看作保姆式照顾,不是陪伴。陪伴是能够理解孩子、懂得孩子的心理变化,能够相互信任,适时鼓励、表扬,这样的陪伴对培养孩子的独立自信、与人合作能力等都具有积极作用。

人工智能和机器人的快速发展,使过去遥不可及的高科技产品渐渐融入日常生活,除了家庭扫地机器人、智能音箱等外,越来越多的智能陪伴机器人出现在人们的视野中。

(1)人工智能陪伴学习的作用

①智能侦测学习盲点

"题海战术"是学习者最常选择的查漏补缺方式,学生往往需要做大量的练习,教师才可以发现学习者知识欠缺的地方。然而盲目学习的结果往往是浪费时间、事倍功半。

相比传统教学对学习者采用的"题海战术",利用人工智能帮助拆分知识点、"打标签"(包括学习内容、学习风格、倾向性、难易度、区分度等),就可以为学习者实现精细化匹配,智能侦测到学习者学习的盲点与重复率,从而能够指导或帮助人们减少重复学习的时间,提高学习效率。对教师来说,拥有了学习者全套的学习轨迹数据,在提供教学服务时,效率会提高很多。

②兴趣驱动,引导学习

自主学习过程比较枯燥,自控能力弱的学习者很容易中途放弃。人工智能学伴要根据学习者的学习兴趣和知识掌握水平,为其提供文本、视频、音频等个性化学习资源,并根据学习者学习进展自动调节的难度和深度。人工智能学伴在学习者完成学习任务时为其点赞,未完成时给予监督鼓励,让学习者感受到人文关怀,从而积极、主动地去完成阅读任务,不需要在教师和家长的压力和要求下被动地学习。自主学习过程树立了学习者的主体地位,学习者自己定学习目标和学习进程,独立开展学习活动,学习效果也就越好。

③实时交互,启发引导

学习者在学习过程中可能产生各种各样的问题,此时,充当百科全书的机器人可以陪在学习者身边,随时为学习者解答问题,并且通过互动启发引导学习者,让学习者先自己动脑思考,给学习者提供思考和想象的空间。这样的陪伴有助于培养学习者主动思考的能力和创新能力。

④自动化测评

在学习者完成教师布置的作业后,人工智能学伴能够对学习者的作业进行自动批改,一方面帮助学习者纠正错题,补足知识薄弱环节;另一方面可以发现学习者的闪光点,充分挖掘学习者的优势,激发其学习兴趣。

(2)人工智能学伴要培养学习者的各种能力

知识信息快速更迭的时代,如果学习者仅是"等靠要"地被动学习,那么其终将会被社会淘汰。在我们现在所处的信息社会,已经有很多人读研究生,甚至三四十岁再读博士也屡见不鲜。在将要到来的人工智能时代,教育阶段与工作阶段的区分将会消失,自主学习将取代传统的被动式学习。

人工智能学习伙伴要指导学习者进行自主学习,帮助学习者掌握自主学习方法,因为学习方法远比学习内容更重要。学习者在学习过程中应以自主学习为主、以教师指导为辅。传统教学中教师就是权威,学习者总认为教师很厉害,等待教师将所有知识教给自己,这种想法是错误的,教师也不是万能的,只是对自己的研究领域很熟悉。学习者要敢于创新,拥有能超过教师的信念，主动去研究、探索。人工智能学伴可从以下三方面指导学习者：

①培养学习者独特的学习方向和目标

人工智能时代，仅靠背诵和反复练习就可以掌握的知识是没有价值的。雨果奖获得者郝景芳曾说："学习方向要强调那些重复性的工作所不能替代的领域，包括创新性、情感交流、艺术、审美能力等。"正是这些有时对家长和教师来说似乎不可靠的东西，其实是人类智力中非常独特的能力。人工智能学伴要从生活角度出发，培养学生的分析问题能力、决策能力和创新能力，这些在未来社会是最不容易"过时"的知识。

②培养学习者人机协作思维方式

未来是人机协作的时代，一些工作可能被机器替代，一些工作可能只有通过人机协作才会取得最佳效果。而且未来人也可以向机器学习，从人工智能的计算结果中吸取有助于改进人类思维方式的模型、思路甚至基本逻辑。事实上，围棋职业高手们已经在虚心向 AlphaGo 学习更高明的定式和招法了。因为 AlphaGo 走的步子人类从来没有见过。向机器学习，在学习的基础上消化吸收，进而创造性地提出新的想法。学习者从小与人工智能学伴一起学习、成长，可以在潜移默化中学习到机器的思维方式，掌握人机协作的一些技巧。

③培养学习者的合作能力

很多人常常认为一个聪明人想出一个好创意就叫创新，其实以创新为导向的自主学习不是自己闭门造车，那些单打独斗的人往往不容易获得成功。当下的创新更多的是具有不同专长的人团队合作的结果。要从小培养学生的合作能力，在与学习伙伴合作学习的过程中，学习者的沟通能力、分析问题能力等各方面的能力都将得到提升。

4.智能引导深度学习

建设终身学习型社会已是国际教育的重要发展方向，培养学习者的深度学习能力已经成为重要的时代命题。当前，深度学习在教学领域已经表现出常态之势。而在人工智能领域，机器深度学习被认为是人工智能取得突破性进展的功臣,成为近几年的热门话题。因此,本研究尝试对技术行业与教育行业的深度学习进行解读,分析人工智能时代下,人类深度学习的发展策略。

(1)技术领域的深度学习

在 2017 年 5 月的人机围棋大战中,AlphaGo 以 3 局全胜的绝对优势战胜世界排名第一的围棋冠军柯洁,人工智能再次引发各行各业的重点关注。这背后,深度学习功不可没。无论是 AlphaGo 还是近期的"小度机器人",均离不开人工智能、机器学习和深度学习技术。能体现人类智能的一个重要指标就是"学习",而机器学习作为通过机器模拟、实现人类学习行为的技术,是实现人工智能的重要途径。机器学习可分为符号学习、人工神经网络、知识发现和数据挖掘等,目前应用较多的是人工神经网络。深度学习是机器学习新的研究领域,其因人工神经网络的隐层数量多而得名,它是机器学习得以实现的有效技术支持。

深度学习主要是模拟人脑的分层抽象机制,通过人工神经网络模拟人类大脑的学习过程,从而实现对真实世界大量数据的抽象表征。简单来说,通过深度学习,机器能够自己从大数据中寻找特征、抽象类别或特征、总结模型。与深度学习相对应的是机器的浅层学习。浅层学习是指在仅含 1～2 隐层的人工神经网络中的机器学习。

毫无疑问的是,当前人类的神经网络要比机器的神经网络复杂许多,隐层数量(深度)也大得多。因此,人类具有进行较为深度学习的条件,这也是实现培养智慧人的基础。机器进行深度学习的最终目标是达到人工智能,进而帮助人类解决现实生活中的难题。由此可知,从教与学的角度衡量,教育人工智能是提醒人类进行这样的反思:如果人可以教会机器进行深度学习,那么在教学中为什么不能教会学生进行深度学习?

(2)教育领域中的深度学习

20 世纪 50 年代中期,美国学者费伦塞默顿(Ference Marton)和罗格萨尔乔(Roger Saljo)率先提出深度学习的概念。而我国关于深度学习的研究起步较晚,黎加厚教授于 2005 年发表的《促进学生深度学习》论文中首次发表深度学习概念,他指出,深度学习是在理解的基础上,学习者批判性地学习新思想、新知识,将它们与原有的认知结构进行融合,做出决策并解决问题的学习。此后,国内许多研究者对深度学习进行了界定,但目前仍然没有统一的概念。还有学者对深度学习资源和学习内容、深度学习的目标与评价体系、促进深度学习的策略和方法、深度学习设计等进行了研究。

"如何促进深度学习"成为当今教育学者研究的核心内容。人工智能的发展,使教育人工智能可以更深入地理解学习是如何发生的,是如何受到外界各种因素影响的,进而为学习者深度学习创造条件。

(3)人工智能时代深度学习的发展策略

传统的智能导师系统大多是针对某个具体研究领域的学习需求制定的,而这些学习系统常作为学校教育的补充,未能对学习者的学习产生较大影响。随着人工智能的发展,人们对人工智能技术变革教育领域抱有较大期望。希望人工智能技术不仅仅局限于促进学习者学习具体的、结构化的知识和技能,更要帮助学习者获得解决复杂问题、批判性思维、深度学习等高阶能力。人工智能技术的发展,已为学习者从"浅层学习"转向"深度学习"提供了支持。总体来说,教育人工智能可从以下两个方面来促进学生的深度学习:

①深度思考是深度学习的基础

"问题通向理解之门",深度学习是学习者内在学习动机指引的积极学习。在深度学习过程中,问题的建构至关重要。因为解决问题的过程就伴随着"提出问题""发现问题",而中国传统教育常常忽视这一过程。深度学习的基础是能够以恰当的方式提出有价值的问题。

问题要从生活中来,到生活中去,如环保问题、粮食问题、教育公平问题。教育不仅要教会学生如何回答问题,更要教会学生如何提出问题,尤其要培养学生面向未来提问的习惯和能力。

②科学分析定制学习内容

深度学习能否有效推进,学习内容是学与教的活动过程中的关键要素。未来,有望借助人工智能帮助教师分析,在合适的时间、合适的地点呈现合适的学习内容。教学机器可根据学习者的性别、兴趣爱好及知识能力水平等,推送符合学习者认知水平范围的学习资料。首先,由教学者人工设置深度学习预警标准;其次,由机器根据学习者的学习行为,通过数据追踪判断学生对当前学习内容是否感兴趣,与教学者设定的深度学习标准进行比较,进而判断是否转入进一步的深度学习和扩展性学习。通过人与机器的合作,为学习者有效开展深度学习提供合适的学习内容,促进学习者进行更加深入的思考。

第四节　人工智能促进教学评价与教学管理创新发展

教学变革包括教学评价与教学管理变革,应采取与新型教学方式相匹配的教学评价方式和教学管理手段,监控教学过程和质量。技术的发展和教学环境的优化创新,使教与学的过程数据越来越丰富,教育工作者要利用大数据、学习分析等技术对教学数据进行充分挖掘、深入分析,实现教学评价与教学管理的自动化、智能化和科学化。

一、智能测评

现代教育制度是工业革命时期形成的,工业社会盛行大规模标准化生产,与其配套的教育模式也是大规模标准化培养。工业时代的教育模式是"标准化教学＋标准化考试"。标准化考核、确定性知识成为教学和考试的重点,也是评价学生的唯一依据。而需要深层次思考讨论的非标准化的内容被取消了。

随着信息技术的快速发展,评价手段也越来越趋于自动化和智能化,如客观题可直接由计算机自动批改并进行数据分析,主观题(口语题、数学题、作文题)可由人工智能系统进行评价和批阅。利用技术辅助教学评价,不仅节省了人工评价成本,而且大大提高了评价反馈的及时性和准确性,进而提高教师教的效率与学生学的效率。

（一）智能测评的内涵

在图像识别技术、自然语言处理、智能语音交互等人工智能技术的推动下,智能教学测评走向现实。智能测评是通过自动化的方式评估学习者的发展的。自动化是指由机器承担一些人类负责的工作,包括体力劳动、脑力劳动等。

通过人工智能,可对数字化处理过的教学过程、教学数据进行测评与分析,在教学领域已经得到初步应用。一是利用语音识别进行语言类智能测评,这类语音测评软件能够根据学习者的发音进行打分,并指出发音不正确的地方。二是利用自然语言理解和数据分析技术对学情智能评测,跟踪学生学习过程、进行数据统计,分析学生在知识储备、能力水平和学习需求的个性化特点,帮助学习者与教师获得真实有效的改进数据。

（二）智能测评的特征

1.评价结果科学化

传统的学习评价多是在阶段性学习后进行的测评,如期中考试、期末考试等,但仅通过考试去评价学生记忆了多少知识是片面的,不能对学习者的学习起到促进作用。科学评价应实事求是,尽量减少教师的个人主观因素对评价结果的影响。智能测评通过技术的支持,对每个学习者建模,结合知识图谱和智能算法,使每个学生都能及时得到评价反馈,更加关注学习者整体、全面的发展,将评价贯穿教学活动的始终。学习者可以根据智能测评结果去反思自我,获得努力方向。

2.评价反馈及时化

（1）语言测评及时反馈

在语言学习过程中,传统语言学习主要是以跟读为主,但有时教师的发音也可能不标准,学生模仿教师进行发音,也无法具体判定发音是否标准,语言学习的评价存在滞后性。随着语音识别技术的发展,系统能够听懂学习者的声音,学习者可以反复听读,系统可以实现逐句打分,根据发音、流利度来实现机器对学习者发音的纠错与反馈。通过机器反馈,及时对学习者进行纠错,这极有助于学习者进行自主学习和练习,使其在语言学习时敢于大胆张口,不用完全依靠教师,在学习内容、学习方式、学习时间上更加自主。

(2)学情测评及时反馈

传统教学过程中,教师批改作业费时费力,学生交上的作业、试卷往往最快也需要到第二天才能得到反馈,而且教师批阅的成绩分析往往只停留在分数层面上,难以进行深层次的分析,无法实现对学生学习的个性化指导。而学习者往往在刚做完作业或试卷时,对自己未能掌握的知识点印象最深,若此时能够将学习者欠缺的知识点呈现给学生,学习者必将印象深刻,从而取得较好的学习效果。智能测评通过机器批阅作业,及时给予学生反馈,并可以给出学习指导,从而激发学生的学习积极性。

(三)智能测评的关键技术

1.语义分析技术

语义分析是指机器运用各种方法,理解一段文字所表达的意义,它是自然语言理解的核心任务之一,涉及语言学、计算语言学以及机器学习等多个学科。随着 MC Test 数据集的发布,语义理解备受关注,并取得了快速发展,相关数据集和对应的神经网络模型层不断涌现。例如,2017年人工智能机器人参加高考就具备了基本的语义分析能力。

(1)语义分析的过程

一是词法分析。机器通过"语料库和词典"获得用户内容中关于词的信息。一篇文章是由词组成句子,由句子组成段落,再由段落组成篇章。要实现语义理解,首先要找出句子当中的词语,确定词形、词性和语义连接信息,为句法分析和语义分析做准备。

二是句法分析。根据语法规则,解析句子的结构,包括主语、谓语、宾语以及语法规则等。

三是语义分析。语义分析从单个词开始,结合句法信息,理解整个句子的意思,再结合篇章结构确定语言所表达的真正含义。

（2）语义分析教学应用

一是交互信息分析。语义分析在教学中的应用环境主要包括在线学习、网络培训等，如对大规模在线开放课程慕课中学生交互信息、发帖信息等文本类的信息进行分析。

二是作业批改。目前的智能批改产品基于语义分析，已经可以实现对主观题进行自动评分，能够联系上下文去理解全文，然后做出判断，如各种英语时态的主谓一致、单复数等。

2. 语音识别技术

语音识别技术（auto speech recongnize）的研究问题是如何使计算机理解人类的语音。让计算机能够听懂人们说的每一个词、每一句话，这是人工智能学科从诞生那天起科学家就努力追求的目标。语音识别技术的研究经历了三个主要过程：首先是标准模板匹配算法，其次是基于统计模型的算法，最后到达深度神经网络。当前我国领先世界的人工智能语音识别的准确率已超过 97%，并且响应速度很快。机器能够听懂人类语言，并及时给予反馈。将语音识别技术应用到英语学习，能高效支持学习者进行听、说练习。另外，语音识别的应用也层出不穷，如语音助手、语音对话机器人、互动工具等。科大讯飞的语音识别已经应用在全国普通话等级考试、英语口语测评中，而且与人工专家相比，机器测评的各项指标均遥遥领先。

语音识别越来越智能，例如，语音识别可以实时将语音转换为字幕，当发言者说"我叫张红"时，字幕上就出现了"我叫张红"，发言者接着说"红是彩虹的虹"，机器已经可以做到直接将字幕"我叫张红"改为"我叫张虹"。语音识别未来的发展方向是向远距离识别发展，当前的是近距离的语音识别，未来对于远距离讲话，语音识别技术也可以精准捕捉到声音，精准识别。

3. 光学字符识别（optical character recognition，OCR）

OCR 是指通过电子设备来检查纸上的文字，通过检测字符形状，然后用识别方法将形状翻译成计算机文字的过程。通过该技术将手写文本转换成数字化文本格式。近年来,图像识别技术发展迅速,不仅可以准确识别机打文本,而且对手写文本的识别也已达到较高的识别准确率。目前科大讯飞公司手写识别技术的准确率已经超过95%。文字识别为机器自动批改奠定了基础。

(四)智能测评的一般流程

智能测评可以实现针对每一个学习者进行一对一的教学评价。智能测评的一般流程如下:

1.预测学习者的学习能力

在教学活动开始前,预判学习者的学习能力,对学习者的知识和技能、智力和体力以及情感等状况进行"摸底",判断学习者对学习新任务的适应情况,为教学决策提供依据。其类似于传统诊断性评价,但更加强调技术性和科学性。它可以为教学过程提供支撑,帮助教师了解学生掌握知识、技能的基本情况,了解学生的学习动机、学习风格、学习兴趣,发现学生现存的问题及原因,进而设计出适合不同学生特点的教学方案。

但是传统的诊断性评价多数采取特殊编制的测验、学籍档案观察分析、态度和情感调查、观察、访谈等,测试的内容主要是学生必要的预备性知识,对学生科目学习的整体水平难以预测。例如,传统语文阅读教学中,因为阅读分级标准尚未建立,缺乏科学地指导,所以教师大都在"摸着石头过河"。这类似于以前没有医疗设备时医生的看病过程,比如中医的望闻问切,完全是医生凭借积累的行医经验诊断病情。后来随着医疗器械的发展,这些设备可以辅助医生进行诊断,进而对症下药。那么,教师能否像医生一样,通过技术设备,找到学生的问题所在,进而可以"操刀"辅导?答案是肯定的。现在,教学中的"望闻问切"式的老式诊断性评价,也已经有了技术的支撑。

通过对学习者学习能力的预判,可以使学习者清楚地了解当前自己的学习知识、能力结构与学习需求之间的差距,学生也可以清楚地看到自身的问题,进而进行针对性学习。

2.机器编制试题

传统为学生提供练习和考试时，编制试卷麻烦又复杂，一份考试试卷的制定往往需要教师花费较长的时间，而且对试卷中需要覆盖的知识点、试卷的难易程度较难把握。人工智能的发展已经实现由机器编制试卷，系统可以根据前期对学习者学习能力的测试，分析出即将编制试卷的难度系数、考查的学科能力等，针对学习者的知识薄弱点进行针对性出题。

3.机器批改

机器批改的原理是采用智能学习的方式，通过统计、推理、判断来决策。通常由专家批改 500～1000 份试卷以后，机器就能够归纳出试卷的评阅模式并构建出一个模型。这个模型就可以对其他试卷进行有效处理和覆盖，然后根据该模型自动批阅其他试卷。由智能机器批改作业，将减轻教师的批改负担。

4.分析报告

机器批改后，呈现的不仅是一个冷冰冰的数字，而是一份温情的"分析报告"。通过这个分析报告，学习者可以清楚地了解自身学科知识点和能力点的掌握情况，清楚地看到问题所在，使学习更加高效。而且学习者也可将这份分析报告交给自己的教师，让教师进行指导。

（五）智能测评的案例——英语口语测评

传统的学习评价为了检测学生的知识掌握水平，多以总结性评价为标准。技术支持的评价体现在智能评测，通过语音识别技术、语义识别技术等，实现与人进行"对话"，利用技术设备去评判普通话水平、英语口语能力、写作能力、做题能力等。对于英语听说考试、普通话考试等耗时、费力的语言测试，都可以实现基于人工智能的自动评测。

随着语音识别技术的发展，英语口语学习告别了单纯地听录音和发音模仿，实现了口语语音的识别与纠正。基于语音识别技术，"英语流利说"App 应运而生。英语流利说是融合创新的英语口语教学理念和语音评测技术的英语口语练习的应用，让学习者轻松练习口语。应用流利说进行英语学习主要有以下几个步骤：

1. 预测英语水平

流利说可以在学生正式开始学习之前为学生定级测试确定英语水平。测试的结果从听力、发音、阅读、语法、词汇等方面给予反馈,通过各项技能的具体描述,让学习者清楚了解当前的英语水平,为后续学习提供支撑。例如,在听力方面,可以大致听懂日常生活的话题材料;在口语方面,可以简单轻松地谈论兴趣、旅游、运动等日常话题;在阅读方面,能够看懂日常简单的材料;在写作方面,能够书写简短的信息和留言。通过先前的测试,系统会根据学生的水平提供相应的学习内容,然后学生根据个人的学习基础和需要,定制学习模式和学习目标。每个学生根据自己的学习基础、能力,自定步调,激发学习动机,增强学习自主性。

2. 自由地学习

英语流利说的学习方式是学习者先听对话或文章——这些对话都是经过系统编排、发音标准清晰的地道美语对话。听完后,学习者进行跟读,由系统对学习者的发音进行实时打分,同时标注出发音不准的单词。学习者为了取得更高的成绩,需要反复进行听读练习、录音。不同水平的学习者可以选择不同的学习资料或自己感兴趣的材料进行练习,同时流利说的自适应学习系统通过递归神经网络的深度学习模型,使系统掌握自我学习的方法,从而进行有针对性的个性化学习。

3. 灵活智能评测口语能力

随着全球化进程的日益加快、国际化交流的日益增多,人们对应用英语进行交流的需求越来越高,开展英语听说考试可以促进学生口语能力的进步,但相比其他语言技能测试、口语测试组织难、成本高。传统口语测试往往判断发音、连读、意群、语调等是否正确,评价主观性较大。当前的英语口语考试,通过给出一幅或一组图画,让考生用英语描述图画表现的故事,进而考查学生灵活应用英语的能力。依托智能语音技术的英语听说智能测试系统,可以实现自动化考试和评分,评分客观准确,避免人工评分中受能力、情绪、疲倦等主观因素的影响。

4.科学分析有效提高学习效率

传统的英语学习经过十几年的学校教育,系统化地从词汇、语法进行学习,然而一些学习者还是不能利用英语流畅自由地交流。例如,对于词汇的学习,一本词汇书从 abandon 开始学习,几乎没有学生背到最后。阅读一本英文原著,如果没有翻译工具,可能一页都看不完。学生需要做海量的题目,教师才可以发现学生知识点欠缺的地方。传统的英语学习方式亟须改变,要利用人工智能技术提升英语学习效率。

(六)智能测评的实施建议

智能测评能够进一步解放教师的生产力,使教师不仅可以将更多的精力放在创新教学上,有更多时间与学生交流,而且可以根据数据为学生提供个性化反馈,从测评方面把握学生知识点的薄弱环节,进行专攻。

但是对于智能评测,不应只是作为批改作业、提高效率的工具,智能评测的核心在于它是否可以满足未来教育的需要,是否强调学生的认知过程,是否发展了学生的批判思维能力等,从而促进学生的全面发展。加强人工智能技术在教学评价中的应用研究任重而道远。重视那些机器不能代替人的领域,包括艺术和文化的审美能力、创新创造能力、交流沟通能力等,这些都是人类智能独特的能力。

二、差异性评价

(一)差异性评价的内涵

传统的教学是标准化的教学,仅通过考试简单评价学生能背多少知识、记忆多少知识显然是不合理的。因为每个学习者都是独立的个体,要个性化地评价每一个学生,不能使用统一的评价指标和方式。科学评价学生,要关注学习者的差异性,尊重学习者的个性特征,以发展的眼光对学习者进行差异化评价。这种差异性的评价体现在评价的侧重点上,也可体现在评价难度等级的差异性上。例如,对先天运动细胞强的学生,从训练强度、训练指标等多个角度去评价其体育发展。而对于先天体弱的学生,对其基本运动情况进行评价即可,不需要进行深入评价。根据多元智能理论,关注学习者的差异性,发现每个学生所擅长的方面,进而给予积极反馈,帮助他们取得更好的发展;对于在某方面学习有困难的学生,帮助他们找到合适的学习方法。

(二)差异性评价的原则

1. 发展性原则

教学评价不仅要关注学习者的当前表现,还要考虑学习者的未来发展。因为评价对象总是处于不断发展变化中的,所以评价体系也应是动态的,这样才能适应学生的更好发展。评价的发展性是根据学习者的知识、能力、态度等评价指标,对学习者的过去和现在表现做对比分析,着眼于学习者未来发展的目标,给予学习者现状的评价,帮助其更好地迈入下一成长阶段。差异性教学评价,通过不断采集学习者的数据,进行学习者建模,利用人工智能技术,动态调整评价指标,充分了解学习者认知变化特点,为学习者提供支持。

2. 多元性原则

技术支持的差异性评价的多元性表现在评价取向和评价标准、评价方式方法的多元性。首先,在评价取向和标准上,差异性评价不局限于对学生知识、技能掌握的评价,还要将学生的情感与态度、过程与方法、知识与技能、创新创造能力等方面纳入评价体系,实现评价内容的多元化。人工智能的发展将促使每个学习者都有自己的评价标准,每个人的评价标准都不同,让学习者可以看到自己的进步,获得更多的肯定,激发其学习动力。其次,在评价方式方法上,技术的飞速发展使评价手段趋于自动化和智能化,改静态化评价为过程性评价,调动每个学生参与评价的积极性,使其在评价中获得充分发展。

评价内容的多元化让每个学生都能发现自己的长处,有利于学生取得更好的进步。例如,如果学生被人夸奖"这孩子体育真厉害",他可能就会在体育上更加充满干劲,从而获得更多积极的反馈,得到更好的成绩。

3. 激励性原则

每个学习者都渴望得到家长、教师的赏识,而教学的艺术就在于激励、挖掘学习者的潜能。激励可以营造轻松愉悦的学习气氛,使学习者感受到成就感,产生积极向上的学习动力。差异性评价要通过评价系统为学生制定合理的发展目标,坚持适度原则,让学生朝着期望的目标努力。系统根据学习者的表现情况给予反馈和鼓励性的评语。学习者所获得的激励性评价,可以进一步激发学习热情。

(三)差异性评价的数据采集与分析

为了实现根据数据和事实进行评价的目标,许多学校采取了数据采集措施,如考试、问卷等。然而这类学习结果类的信息属于静态信息,采集不到学习者学习过程中的信息。当前,随着智慧校园的建设发展,智慧学习环境日益成熟,具有数据采集能力的智能教学平台、可穿戴设备、数码笔等设备的应用,为解决传统无法采集学习过程数据的问题提供了技术方案。

通过采集学生学习过程中的数据,可以实现全方位地评价学生的目的。差异性评价,应该在以学生为主体的教学环境中去评价学生。例如,信息技术的发展变革了传统课堂,出现了翻转课堂,将学习的主动权从教师转移到学生,以学生为主体,综合评价学生各方面的表现,如创新创造能力、团队协作能力等。

近来,一些学校也开始尝试在学生用一般纸笔书写的情况下采集学习过程数据。准星云学研发的智能笔加上后台人工智能评测系统,可以对学生的答题过程进行数据采集,智能分析学生做每一题速度的快慢,以及知识点欠缺的地方、思维缺陷等。准星云学的智能笔与普通笔的外形和使用方法完全一致,它可以在不改变学生当前的书写习惯下,精准采集学生书写的笔记数据,利用系统知识库,对学生的做题速度、错误答案及原因进行智能分析。对于教师,智能评测实现帮助教师自动批改,做到"批得比人细,批得比人准",教师每天节省批改时间,可用来备课与家校沟通,真正实现减负增效。对于学习者,通过智能评测,可以自动及时地获取批改结果,及时反思,自动查漏补缺,逐一攻破薄弱知识点,提升自主学习能力。

除了学习过程的数据采集外,学生的生理、情感等状态数据的分析也十分重要,但这类数据却较难采集。随着技术的发展,越来越多的可穿戴设备、RFID、眼动仪等设备应用于教育领域,实现了真实采集学习者的日常行为数据的功能,提供精确化学习分析和教育评价使用。

例如,利用眼动技术对眼动轨迹的记录,提取诸如注视点、注视时长和次数、上下眼帘间距等数据,从而研究个体的内在认知过程。有学者通过眼动仪采集 2～3 岁婴幼儿对儿童图画书页面区域的注视时长等行为数据和生理数据,以评估婴幼儿在阅读图画书时的阅读偏好、识图能力、理解能力等。

在未来的智能教学环境中,通过高清摄像头来获取学生上课时的举手、练习、听课、喜怒哀乐等课堂状态和情绪数据,根据面部表情分析出这个学生的注意力是不是集中,以及其对当前的这个知识点的掌握情况如何,从而生成专属于每一个学生的学习报告,然后将数据及时呈现给教师。教师可以依据这些数据反馈,调整课堂节奏,优化教学内容,以达到更好的教学效果。这些摄像头不是为了监控学习者的某些小动作,而是为了使教与学之间实现良好的互动。

(四)差异性评价的实施建议

1. 虚拟助教助力实现差异性评价

要实现针对每一个学生的差异性评价,仅依靠教师是不现实的,教师的精力是有限的,无法兼顾每一个学生。当前,无论是智能化教学平台,还是学生学习时的软件工具、智能陪伴机器人等,都可以将学生学习过程中的数据记录下来,并生成可视化报表,从课前的学习态度、课中的学习投入度与参与度、课堂的学习效果等方面来全面评价学生,并给出个性化学业指导。

未来,每一个学习者都将拥有一位属于自己的个人虚拟助教,实时记录学习、行为数据。在学习过程中,虚拟教师应当了解学生在学习中的需求,引导学习者在学习过程中不断探索自我,发现自己的优势与不足。虚拟助教可以为学习者提供及时的反馈,针对学习过程中出现的问题,调整学习策略。在评价时,虚拟教师应当关注学习者的个体差异,激发学习内在潜能,进而提升学习者的自信心。

2.改革传统评价标准

利用人工智能技术,设计一个教学评价反馈系统。使原本就很优秀的人变得更优秀,我们应该更多地通过后期的支援来辅助那些不太擅长某些学习方面的人,这才更符合真正的教育观。

革新以往的评价标准,从传统考查学生关于记忆的知识性内容,变为重点评价学生的创新创造能力,从而破除"高分低能"的弊端。改革后,以前依赖记忆取得高分的学生,现在有可能分数不高,学生要想获得高分数,就需要自主学习,独立思考问题,认真完成每次的学习任务。

学习评价应当以促进学习者的发展为根本目的,及时、全面地了解学生的学习生活情况,充分发挥评价对学生学习活动的激励和导向功能,使学生学习达到会学、乐学的效果。评价的关注点可以是学生的课堂参与度、积极性和思维发展方面的内容。例如,有些学生喜爱读书,但是课堂上不听讲;有些学生理论能力强,但实践能力弱;有些学生成绩好,但是团队合作时表现能力弱等。在教学中要发现学生的学习兴趣,个性化评价每一位学生,挖掘学生的长处,帮助弥补学生不足,促进学生的全方位发展。

三、教学管理的创新

随着信息化的发展,我国的教育管理已经取得了有目共睹的成绩,如建立了教育管理公共服务平台、建立了教育管理信息化标准体系,全国正逐渐形成自下而上的教育数据采集和管理机制。近年来,通过数字校园、智慧校园的建设,企业与学校共同开发了各类教育管理系统,简化了办事流程,提升了管理效率。

然而,人们对教育管理的期待也在不断提高。在人工智能时代,教育管理如何通过人工智能技术向科学化、精细化转型,成为重要的议题。

（一）人工智能与教学管理的契合

1. 教学决策科学化

教育管理的核心主要有两大部分：第一部分是搜集信息，第二部分是做出决策。对于一般人来说，搜集信息后在同一时间能够处理的数据是有限的，而机器却能够高速获取和存储这些数据。管理者凭借经验和知识积累灵活处理少量问题的能力比较强，随着人工智能技术的发展，由机器解决相关问题变为可能。

2017 年 10 月，谷歌下属公司 Deep Mind 团队在国际学术期刊 Nature 上发表了一篇研究论文，宣布新一代人工智能程序 AlphaGo Zero 通过纯粹的自我学习，在没有人类输入的条件下，能够自学围棋，并以 100：0 的成绩击败"前辈"。当人们对小度机器人提问"对北京城市管理有什么意见"时，小度机器人回答"不堵车吧"。由此可见，未来通过人工智能全面接收数据、观察评价、发现问题、分析问题并提出决策建议将成为可能。

首先是在国家宏观层，可通过数据可视化和数据挖掘技术实现管理决策的科学化和信息化。一方面，通过人工神经网络支持的"指数增长预测法"模型，可预测未来每年的学生数量、生均教育经费、教育经费需求的数值，进而合理科学划拨教育经费，智慧调度教育资源，推动教育事业持续健康发展；另一方面，《新一代人工智能发展规划》中指出，完善人工智能领域学科布局，开设人工智能专业。这是在人工智能技术迎来突破时期，国家教育层面积极响应培育智能学科人才。未来通过人工智能数据挖掘从教育行业提取数据，结合市场人才供求、教育动态等，可以帮助教育决策者合理设立或取消一些学科，使教育培养的都是社会需求的人才。

其次是在中观学校层。不同类型的学校可以根据各自学校特色制订相应的教学规划。当前我国教育管理系统已经积累了大量的学生个人信息数据，如每年采集的国家学生体质健康标准数据等，通过数据挖掘关联算法，对学生教育过程中的培养方案、课程设置等数据进行相关性分析，为管理人员科学制定培养方案、设置课程提供理论指导，提高教育决策的精准性。数据采集、统计分析能够为教育决策(学校布局、教育经费分配等)提供数据依据,而科学决策又会助推教育事业的持续、均衡发展。

最后是在微观个体层。目前学校的教学管理一般是以学校整体、年级或班级为单位进行整体分析,对教师或学生个体的分析往往是凭借经验,缺乏数据来证明教师教学决策或教学安排的预期效果,因此可能存在学生不感兴趣、教学效果不理想的问题。教师管理是教学管理工作的关键环节,教师安排的教学内容是否与教学大纲一致、是否能被学生理解、重点难点是否突出,都关系学生的学习效果好坏。《教育部2018年工作要点》中指出,启动"人工智能+教师队伍建设"方案,探索信息技术、人工智能等支持教师决策的新路径。未来通过人工智能教师与人类教师协同教学,通过人工智能教师了解学生的知识储备、学习风格等个性特征,与人类教师共同制订教学计划、安排学习路径,根据学生的反馈调整教学方案等,为学生提供最佳的教学体验。

2.教学管理智能化

学校顺利开展各项工作的前提是要有高效的教学管理。人工智能的融入将会使教学管理工作更加有序、高效,更好地体现服务,使传统的教学管理从"延迟响应"的人治模式走向"即时响应"的智治模式。

教学管理涉及方方面面,要通过智能化管理实现减员增效。目前,在教学管理过程中,数据的采集、录入、汇总、导出、分析、更新等工作仍需人工去完成,教学管理仍处于人治模式,智能化程度较低。未来,通过智能化教学管理系统,将教学管理要素人事、科研、后勤等有机结合,实现共享与动态更新教学管理信息,从而实现智能化管理,保证对突发事件的即时响应。

首先在资产和能源管理方面,不少高校已经尝试利用大数据技术、物联网技术对学校的资产和能源进行管理,并取得了良好的效果。例如,江南大学自主设计开发的"数字化节能监管系统"可以自动感知能耗,实现节能服务,打造低碳校园。而人工智能在校园资产和能源管理方面将发挥更大效用。通过善用人工智能技术分析并改善电能消耗,实现节能减排。Deep Mind 团队曾为谷歌开发过一套系统,通过机器管理数据中心,将数据中心的电源使用率提升,用电量减少了 15%。百度也利用人工智能节能降耗,在百度总部大楼试行人工智能能源管理。将人工智能应用于校园能源管理中,使能源得以有效利用,打造低碳校园环境。

其次在舆情监控方面,出生于"数字土著"时代的学生每天都在接收形形色色的网络信息,他们不只是信息的接收者,同时更是信息的生产者和传播者。网络信息传播的快速性,使得学生有时难以分辨信息的真假,学校对舆情管理也较难把控。传统依靠学生干部上报和管理者筛查的方式难以继续下去。舆情管理的关键是提前洞悉舆情的未来发展,在舆情初期及时响应,进行控制和引导。人工智能是舆情监测的有效方法,是预测舆情和处理舆情的有力工具。人工智能在舆情管理方面的效用主要体现在以下两个方面:一是通过人工智能全天候监测校园舆情,智能分析,针对学生所关注的热点事件进行舆论引导,实现科学预测舆情、快速处理舆情。二是通过网络爬虫技术对校园网站、贴吧等社交网站的不良信息进行自动删除,营造良好的网络环境。

通过人工智能系统自动汇聚学生在校的相关数据,自动分析处理,将结果反馈给班主任或教师,提高自动化管理水平,从学生生活点滴入手,避免突发事件的发生。精准及时的自动化管理不仅避免了人为管理的漏洞,而且将管理者从重复性劳动中解放出来,让管理者去从事更具创造性的管理工作。

3.教学管理人性化

目前,以学生为本的教学理念根深蒂固,相应的教学管理理念和方法都应创新,不再是传统的管控和治理,而是变为一种管理服务,满足学生主体的内在需求,为其提供便捷、高效的服务,从"重管理,轻服务"的管控思维向"用户需求"转变,使教学管理更加人性化。

近年来,随着人工智能技术的发展,利用数据挖掘和机器学习等技术可呈现学习者的数字画像,即基于动态的学习过程数据,分析、计算出每个学生的学习心理与外在行为表现的特征,描绘出学习者的画像,从而为每个学生的个性化学习以及教学管理提供个性化服务。

学生画像即对学生特征进行标签化处理,包括学生基本情况、考勤信息、借阅图书信息、网络信息、消费信息等,通过记录学生在校的日常行为数据,从而描绘出学生画像。学生画像是学校评价管理学生的重要依据,为学校提供了丰富的数据,帮助教师快速了解学生状态。根据不同学生的"数字轨迹",使管理服务细致入微。例如,根据学生借阅情况、消费情况、宿舍生活轨迹、社交情况等全面认识了解学生;根据学生行为动态,跟踪学习轨迹,把握学科知识理解程度,预测成绩排名趋势;根据学生在校消费水平、生活困难指数,通过数据分析洞悉学生真实贫困状况,找出隐性困难学生,加强贫困生人文关怀。这些事情看似是小事,却关乎学生教学事务管理质量。

(二)人工智能在教学管理中的典型应用

1. 智能教学管理系统

科大讯飞作为教育技术服务的引领企业,借助人工智能、大数据、云计算等技术,在教学、考试、管理等教育环节全面布局。在教学管理方面,基于教学管理数据、教学行为数据,利用业务建模、数据可视化等技术,为教学管理决策提供数据支持,并提供模拟和模型预测等功能。

首先采集学校区域的教学、学习、考试、管理等数据;其次对数据进行存储、清洗、计算,生成用户画像,进行相关业务建模;再次利用数据可视化等技术对数据进行集成显示;最后根据数据分析系统提供的监控、预测和模拟等功能,辅助管理者进行教学管理。

2. 仿真决策

教育教学本身是复杂的,仅依靠经验很难平衡处理各种主体间相互作用的复杂关系。人工智能、大数据的发展使人们可以建立对现实社会、现实教学系统的仿真模拟,模拟各种教学参数的演变,将关键参数从极小值变化到极大值,在这个过程中观察教学系统演变的结果,从而找出各方价值最大化的值,帮助做出科学决策,再与管理者的经验和知识相结合,教学决策将更加科学化和人性化。

例如,余胜泉团队利用决策仿真做了北京市教育地图,将北京市的各种教育数据叠加到地图上,通过地图数据对择校政策进行仿真分析。首先,建立学校教学质量与周边人口间的关系、学校间的关系,然后把各种教育政策嵌入系统,完成择校政策出台后的推演,包括分析选择热门学校、择校范围、可能出现的漏洞以及演化过程和博弈后的结果等,这样就可将隐藏在文本中的政策以可视化的方式呈现出来。借助决策仿真实现数据驱动、人机结合的教育教学决策是未来教学管理研究的新方向。

3. 智能安保

安全管理是学校管理的重要环节。确保校园安全的前提是能够实时掌握学校动态、提前发现安全隐患,防患于未然。高效的人脸监控和比对系统将在非法人员识别、车辆智能化管理、活动事故预防等方面发挥重要作用。例如,南昌大学全方位加强校园安保基础建设,实现了校园可视化综合管理,有效保障了校园安全。

（1）陌生人识别

采用高效的人脸监控和比对系统,可以自动采集进入学校人员的面部信息,识别当前人员的真实身份。同时,保卫部门可以将小偷等嫌疑人的照片导入嫌疑人库,建立黑名单,当该嫌疑人再次出现时,便会立即触发实时报警,监控中心人员通过调取就近监控视频,实时抓捕。

（2）车辆智能化管理

通过在校园主干道上部署视频监控和测速安装,实时记录过往的车辆信息,对有超速行为的车辆进行警告,保证校园车辆行驶的规范性。

（3）活动事故防范

当前,校园活动的伤害事故主要发生在追逐打闹、拥挤踩踏等方面。通过智能摄像机实时监控,由人工智能系统进行分析,判断是否有危险的事情发生,实现对危险区域范围的智能告警,并及时通报学校安防人员采取相关措施,将传统的事后发生处置机制提前到事前预防。

第三章　我国计算机教学现状与学生培养方向

教育一直以来都是社会所关注的热点话题,伴随着计算机的深入与发展,学校对于学生计算机的能力的培养也在不断地深入。本章以我国计算机教学现状与学生培养方向分析为题目,主要内容有计算机教学体系概述、计算机综合训练的内容、推行计算机教育的必要性等,希望本文能为计算机专业学生的培养提供帮助。

第一节　新时期计算机课程的教学现状

一、推行计算机教育的必要性

(一)国民经济发展的迫切需要

国民经济和社会发展对人力资源的结构和素质提出了新的要求。在走新型工业化道路和推进城镇化的历史进程中,我们不但需要一大批科学家、教授,也需要一大批高级工程技术人员、高级管理人员、高级技能型人员,还必须有数以亿计的高素质的普通劳动者,否则就难以真正拥有强大的生产力,实现国民经济的腾飞和中华民族的崛起。

众所周知,中国是经济大国,但不是经济强国;中国是人口大国,但不是人才大国;中国是教育大国,但教育的结构不尽合理,教育模式相对单一,特别是专业教育发展基础比较薄弱,与经济社会的发展不相适应。

我国的经济还缺乏核心竞争力。产业和产品的竞争关键是技术和人才的竞争。从未来的发展看,中国既缺少一批进入世界科技发展前沿的科学家,缺少一批支撑高科技产业发展的高层次人才,也缺少能将科技成果转化为直接生产力的应用型人才,缺少第三产业所急需的各类管理人才和技术人才,特别是缺乏能够迅速提高我国工艺水平、大幅度增强我国工业品国际竞争力的高素质的技术技能型人才。

(二)高等教育大众化的必然结果

教育的迅速发展对我国高等教育进入大众教育时代做出了重大的贡献。近年来大学的扩招主要是各大院校的扩招,民办高等教育也是发展教育的重要部分。许多地区大力兴办教育,促进了本地区的经济和文化发展。如果没有高校的高速发展,也就不可能有如此众多的青年进入大学。

高等教育大众化必然带来教育制度的改革和教育结构的调整,以及社会观念、就业制度、人事制度等各方面的改革。高等教育结构调整的重点是发展和健全教育体系。

教育工作必须坚持科学发展观,职业教育与本科教育是教育体系的两大支柱,必须协调发展,不能一强一弱。

目前,我国的高等教育应当注意三个关系:一是高等教育的人才培养与就业市场的需求之间的关系;二是英才教育与大众化教育的关系;三是学科型教育与职业型教育的关系。

高校教育在办学指导思想上应当完成三个转变:一是从计划培养向市场需求的转变;二是从政府直接管理向宏观引导的转变;三是从面向专业学科的培养模式向职业岗位和就业导向的模式转变。各个院校要面向市场和社会需要设置专业、培养人才。

(三)建设和谐社会的重要途径

大力发展教育对于促进社会就业、构建社会主义和谐社会具有积极意义。发展高等教育是全面落实科学发展观的重要体现,也是形成全民学习、终身学习的学习型社会的重要途径。

许多大学毕业生不能及时找到工作。就业压力过大影响社会的稳定,不利于构建和谐社会。

事实上,我国国民经济的迅速发展对高素质的技术技能型人才的需求量很大,在许多领域一直供不应求。目前,一方面有的人找不到工作,另一方面有的工作却找不到人。这暴露了教育与社会需求的严重脱节。

事实上,我国社会各行各业需要的职业岗位中,90％以上是第一线应用型人才,从事理论研究的人不足 10％。而教育模式的单一性,使学校片面强调理论教学,忽视对学生应用能力的培养,使学生难以适应实际工作的要求,不可避免地造成就业的困难。发展职业教育是促进社会就业、构建和谐社会的有效途径。

(四)国际上教育发展的重要趋势

当前,世界各国的教育与产业越来越紧密地结合起来。无论发达国家还是新兴工业国家都十分重视发展学校教育。他们的经验是:发展高等教育,培养大批高素质的技术技能型人才是经济腾飞的"秘密武器"。

大多数发达国家都采取了行之有效的高等教育模式,在注重培养高层次的研究型理论人才的同时,也花大力气培养大批高素质的技术技能型人才。这些高素质的技术技能型人才是最实际、最能给国家带来长远竞争优势的人群,是形成强大生产力并创造新的产业的真正秘诀。

二、当前计算机教育出现的问题

(一)传统教学模式的影响

计算机网络课程具有知识点多、抽象、难以理解的特点,而且具有较强的课程实践性。传统的课堂教学模式以教师为教学中心,而学生在课堂教学中的主体作用往往被忽视了,师生之间缺少互动与交流。这样的传统课程教学模式难以培养学生的学习兴趣以及激发学生的学习热情,对于创新型人才的培养也是非常不利的。

(二)实践教学环节没有得到重视

计算机网络课程具有很强的实践性与操作性。然而广大高校教师和学生却对这个特点的认识不足。计算机课程的实验项目又具有内容随意性过大、实验操作缺乏系统性等特点,最终导致了理论知识与实践技能环节的相互脱节。例如,在计算机组成原理的实验中,地址总线的实验和微指令实验可以说没有相关联性,但从理论知识系统可以看出两者具有紧密的联系,独立的实验或者没有关联性的实验是低效的,技能虽得以实践,但理论系统相对弱化,实验与理论之间脱节现象比较严重。

此外，当前各高校计算机网络课程的实验教学环境与设施配比仍然没有达到规定的标准。再者，参与计算机教学实验环节的教师也存在缺乏实践性教学经验的问题。还有就是，教学体系不完善，这是因为计算机信息技术的发展革新速度非常快，而高校的计算机课程的教学体系，包括教材内容及教学方式等缺乏应用性、操作性和创新性。重要的是，教材的换代和书本知识的更新远远赶不上新技术的发展速度与变化程度，这样计算机网络课程的教学也就偏离了培养目标。在大多数教师的教学模式中过于强调计算机技术的原理，而没有考虑到实际情况的局限性，这就使得学生掌握的计算机网络知识华而不实，无法真正地应用于现实的工作生活之中。这样不仅满足不了对学生创造能力的培养，同时也不利于社会的进步与发展。

第二节 新时期计算机教学培养体系

一、计算机教学培养体系概述

计算机教育课程是以培养学生的软件开发能力为主的理论与实践相融通的综合性训练课程。课程以软件项目开发为背景，通过与课程理论内容教学相结合的综合训练，使学生进一步理解和掌握软件开发模型、软件生存周期、软件过程等重要理论在软件项目开发过程中的意义和作用，培养学生按照软件工程的原理、方法、技术、标准和规范进行软件开发的能力，培养学生的合作意识和团队精神，培养学生的技术文档编写能力，从而提高学生软件工程的综合能力。

二、计算机的综合训练内容

由 2～4 名学生组成一个项目开发小组，选择题目进行软件设计与开发，具体训练内容如下。

熟练掌握常用的软件分析与设计方法，至少使用一种主流开发方法构建系统的分析与设计模型，熟练运用各种 CASE 工具绘制系统流程图、数据流图、系统结构图和功能模型,理解并掌握软件测试的概念与方法,至少学会使用一种测试方法完成测试用例的设计;分析系统的数据实体,建立系统的实体关系图(E－R 图),并设计出相应的数据库表或数据字典;规范地编写软件开发阶段所需的主要文档;学会使用目前流行的软件开发工具,各组独立完成所选项目的开发工作(如 VB、Java 等开发工具),实现项目要求的主要功能;每组提交一份课程设计报告。

(一)系统集成能力培养

1.概述

课程以系统工程开发为背景,使学生进一步理解和掌握系统集成项目开发的过程、方法,培养学生按照系统工程的原理、方法、技术、标准和规范进行系统集成项目开发的能力。

2.相关理论知识

①网络基本原理。

②网络应用技术。

③综合布线系统。

④网络安全技术。

⑤故障检测和排除。

⑥系统集成的组网方案。

⑦计算机硬件的基本工作原理和编程技术。

⑧系统工程中的网络设备的工作原理和工作方法。

⑨系统集成工程中的网络设备的配置、管理、维护方法。

⑩应用服务子系统的工作原理和配置方法。

3.综合训练内容

本综合课程要求学生结合企业实际的系统集成项目完成实际管理,并加强综合集成能力。由 2～4 名学生组成一个项目开发小组,结合企业的实际情况完成以下内容后,每组提交一份综合课程训练报告。

①外联网互联。

②综合布线系统。

③远程接入网配置。

④故障检测与排除。

⑤计算机操作系统管理。

⑥网络设备的配置管理。

⑦计算机硬件管理和监控。

⑧网络工程与企业网络设计。

⑨网络原理和网络工程基础知识的培训和现场参观。

⑩规范地编写系统集成各阶段所需的文档(投标书、可行性研究报告系统需求说明书、网络设计说明书、用户手册、网络工程开发总结报告等)。

(二)软件测试能力培养

1.概述

课程以软件测试项目开发为背景,使学生深刻理解软件测试思想和基本理论,熟悉多种软件的测试方法、相关技术和软件测试过程,能够熟练编写测试计划、测试用例、测试报告,并熟悉几种自动化测试工具,从工程化角度提高和培养学生的软件测试能力。

2.相关理论知识

(1)软件测试理论

①软件测试理论基础。

②软件测试过程。

③软件测试自动化。

④软件测试过程管理。

⑤软件测试的标准和文档。

⑥软件性能测试和可靠性测试。

(2)其他测试理论

①系统测试。

②测试计划。

③测试方法及流程。

④WED 应用测试。

⑤代码检查和评审。

⑥覆盖率和功能测试。

⑦单元测试和集成测试。

⑧面向对象软件测试。

3.综合训练内容

由 2～4 名学生组成一个项目开发小组,选择题目进行软件测试。具体训练内容如下。

①理解并掌握软件测试的概念与方法。

②掌握软件功能需求分析、测试环境需求分析、测试资源需求分析等基本分析方法,并撰写相应文档。

③根据实际项目需要编写测试计划。

④根据项目具体要求完成测试设计,针对不同测试单元完成测试用例编写和测试场景设计。

⑤根据不同软件产品的要求完成测试环境的搭建。

⑥完成软件测试各阶段文档的撰写,主要包括测试计划文档、测试用例规格文档、测试过程规格文档、测试记录报告、测试分析及总结报告等。

⑦利用目前流行的测试工具实现测试的执行和测试记录。

⑧每组提交一份综合课程训练报告。

(三)系统设计能力培养

1.概述

课程要求学生结合计算机工程方向的知识领域设计和构建计算机系统包括硬件,软件和通信技术,能参与设计小型计算机工程项目,完成实际开发管理与维护。学生在该综合实践课程上要学习计算机、通信系统、含有计算机设备的数字硬件系统设计,并掌握基于这些设备的软件开发。本综合训练课程培养学生如下素质能力。

(1)系统级视点的能力

熟悉计算机系统原理、系统硬件和软件的设计、系统构造和分析过程,要理解系统如何运行,而不是仅仅知道系统能做什么和使用方法等外部特性。

(2)设计能力

学生应历经一个完整的设计过程,包括硬件和软件的内容。这样的经历可以培养学生的设计能力,为日后工作打下良好的基础。

(3)工具使用的能力

学生应能够使用各种基于计算机的工具、实验室工具来分析和设计计算机系统,包括软硬件两方面的内容。

(4)团队沟通能力

学生要养成团结协作的习惯,以恰当的形式(书面、口头、图形)来交流工作,并能对组员的工作做出评价。

2.相关理论知识

①计算机体系结构与组织的基本理论。

②电路分析、模拟数字电路技术的基本理论。

③计算机硬件技术(计算机原理、微机原理与接口、嵌入式系统)的基本理论。

④汇编语言程序设计基础知识。

⑤嵌入式操作系统的基本知识。

⑥网络环境及 TCP/IP 协议栈。

⑦网络环境下的数据信息存储。

3.综合训练内容

本综合实践课程将对计算机工程所涉及的基础理论,应用技术进行综合讲授,使学生结合实际网络环境和现有实验设备掌握计算机硬件技术的设计与实现;可以完成如汇编语言程序设计的计算机底层编程并能按照软件工程学思想进行软件程序开发、数据库设计;能够基于网络环境及 TCP/IP 协议栈进行信息传输,排查网络故障。

由 3 或 4 人组成一个项目开发小组,结合一个实际应用进行设计,具体训练内容如下。

①基于常用的综合实验平台完成计算机基本功能的设计,并与个人计算机进行网络通信,实现信息(机器代码)传输。

②对计算机硬件进行管理和监控。

③熟悉常用的实验模拟器及嵌入式开发环境。

④至少完成一个基于嵌入式操作系统的应用,如网络摄像头应用设计等。

⑤对网络摄像头采集的视频信息进行传输、压缩(可选)。

⑥对网络环境进行常规管理,即对网络操作系统的管理与维护。

⑦每组提交一份系统需求说明书、系统设计报告和综合课程训练报告。

(四)项目管理能力培养

1.概述

课程以实际企业的软件项目开发为背景,使学生体验项目管理的内容与过程,培养学生参与实际工作中项目管理与实施的应对能力。

2.相关理论知识

①项目管理的知识体系及项目管理过程。

②合同管理和需求管理的内容、控制需求的方法。

③成本估算过程及控制、成本估算方法及误差度。

④项目进度估算方法、项目进度计划的编制方法。

⑤质量控制技术、质量计划制订。

⑥软件项目配置管理(配置计划的制订、配置状态统计、配置审计配置管理中的度量)。

⑦项目风险管理(风险管理计划的编制、风险识别)。

⑧项目集成管理(集成管理计划的编制)。

⑨项目的跟踪、控制与项目评审。

⑩项目结束计划的编制。

3.综合训练内容

选择一个业务逻辑能够为学生理解的中小型系统作为背景,进行项目管理训练。学生可以由2或3人组成项目小组,并任命项目经理,具体训练内容如下。

①根据系统涉及的内容撰写项目标书。

②通过与用户(可以是指导教师或企业技术人员)沟通,完成项目合同书、需求规格说明书的编制;进行确定评审;负责需求变更控制。

③学会从实际项目中分解任务,并符合任务分解的要求。

④在正确分解项目任务的基础上,按照软件工程师的平均成本、平均开发进度,估算项目的规模和成本、编制项目进度计划,利用 Project 绘制甘特图。

⑤在项目进度计划的基础上,利用测试和评审两种方式编制质量管理计划。

⑥学会使用 Source Safe,掌握版本控制技能。

⑦通过项目集成管理能够将前期的各项计划集成在一个综合计划中。

⑧能够针对需求管理计划、进度计划、成本计划、质量计划、风险控制计划进行评估,检查计划的执行效果。

⑨能够针对项目的内容编写项目验收计划和验收报告。

⑩规范地编写项目管理所需的主要文档:项目标书、项目合同书项目管理总结报告。

三、构建计算机教学体系建设的意义

对多年来国内外高等院校信息技术实践教学改革进行综合分析和借鉴的基础上,针对当前信息技术类应用创新型人才培养存在的弊端和问题提出了以应用创新和创业为导向,以"产学研用"结合为切入点,通过教学资源库建设、专业核心课程教学改革、多维融合的拔尖计算机人才培养平台构建和新型校企合作人才培养机制构建等一系列措施,开展"三个课堂为一体,多维平台联动"的具有区域和学校特色的应用创新型信息技术类专业人才培养体系建设。其建设的意义主要在于以下几点。

第一,对应用创新型信息技术人才培养过程中的主要实践教学环节进行综合改革,系统地优化和构建高效的实践教学体系,建立具有时代特征、区域和学校特色的一整套可操作性的应用创新型计算机人才培养的运行和管理机制,为地方高等院校进一步大力推动实践教学改革提供理念、模式、制度等借鉴。

第二,紧密结合高校信息技术类教育改革发展的趋势,深入分析企事业单位的人才特点,对大学生实践能力、创新创业能力进行系统训练。这对有效提升高水平的应用创新型特色人才具有重要的参考价值,同时对提升地方高校的信息技术类应用创新型特色人才培养质量也具有积极的理论和现实意义。

第三,根据西部落后地区大学特点和珠三角地区的社会经济发展对应用创新型计算机人才的需求,依托地方经济发展的支柱产业,在"产学研用"相结合的基础上,为国家造就大批基础扎实、综合素质高、工程应用能力强、创新创业能力强的应用创新型人才,以服务地方经济社会发展。这对增强高校的社会服务能力,促进地区及国家的经济发展有着极为重要的作用。

第三节　新时期计算机学生培养方向

一、培养新时期计算机学生的特征

(一)适应经济发展要求

新时期科学技术发展、产业结构调整、经济发展转型、劳动组织形态变革等使经济建设和社会发展对人力资源需求呈多样化状态。目前,我国经济社会发展急需大量的应用型本科人才。因此,高等教育必须适应经济社会发展为行业、企业培养各类急需人才。应用型本科教育要透彻了解区域和地方(行业)经济发展现状和趋势,充分把握人才需求新特征,在此基础上,科学定位应用型本科人才的培养目标及规格。

(二)以专业教育为基础

现代应用型本科人才所具备的能力应是与将要从事的应用型工作相关的综合性应用能力,即集理论知识、专项技能、基本素质为一体,解决实际问题的能力。这种能力培养的主要途径是专业教育。以能力培养为核心的专业教育体现在 3 个层面:第一,坚持"面向应用"建设专业,依据地方经济社会发展提炼产业、行业需求,形成专业结构体系;第二,坚持"以能力培养为核心"设计课程,课程体系、课程内容、课程形式的设计和构架都要以综合性应用能力培养为轴心,且打破理论先于实践的传统课程设计思路;第三,贯彻"做中学"的教学理念,要确立教学过程中学生的主体地位,学生要亲自动手实践,通过在工作场所中的学习来掌握实际工作技能和养成职业素养。

二、构建中国特色的教育人才培养模式

(一)实现就业需求

培养目标是人才培养模式的核心要素,是决定教育类型的重要特征体现,是人才培养活动的起点和归宿,是开放的区域经济与社会发展对新的本科人才的需求,要做到"立足地方、服务地方"。专业设置和培养目标的制定要进行详细的市场调查和论证,既要有针对性,使培养的人才符合需要,也要具有一定的前瞻性和持续性,避免随着市场变化频繁调整。应用型本科教育与学术性本科教育的根本区别在于培养目标的不同。明确应用型本科教育培养目标是培养应用型人才的首要且关键任务,其内容主要有两方面:一是要明确这类教育要培养什么样的人,即人才培养类型的指向定位;二是要明确这类人才的基本规格和质量。

关于应用型本科教育培养目标的基本规格,仍可以由本科教育改革中所共识的"知识、能力、素质"三要素标准来界定,但其区别在于三要素内涵的不同,体现在应用型学科理论基础更加扎实、经验性知识和工作过程知识不可忽视、职业道德和专业素质的养成更加突出、应用能力和关键能力培养同等重要。

(二)专业课程应用导知、学科支撑、能力本位

1. 以应用为导向

"以应用为导向"就是以需求为导向,以市场为导向,以就业为导向。"应用"是在对其高度概括的基础上,考虑技术、市场的发展,以及学生自身的发展可能产生的新需求,而形成的面向专业的教育教学需求。在应用型本科教育中,"应用"的导向表现在五个方面。

第一,专业设置面向区域和地方(行业)经济社会发展的人才需求,尤其是对一线本科层次的人才需求。

第二,培养目标定位和规格确定满足用人部门需求。

第三,课程设计以应用能力为起点,将应用能力的特征指标转换成教学内容。

第四,设计以培养综合应用能力为目标的综合性课程,使课程体系和课程内容与实际应用较好衔接。

第五,教学过程设计、教学方法和考核方法的选择要以掌握应用能力为标准。

2. 以学科为支撑

"以学科为支撑"是指学科是专业建设的基础,起支撑作用,专业要依托学科进行建设。学科支撑在专业建设与人才培养中体现在以下方面:第一,以应用型学科为基础的课程建设,开发以应用理论为基础的专业课程;第二,以应用型学科为基础的教学资源建设,为理论课程提供应用案例的支撑,为综合性课程提供实践项目或实际任务的支撑,为毕业设计与因材施教提供应用研究课题和环境的支撑;第三,引领专业发展,从学科

前沿对应用引领作用的角度,为专业发展提供新的应用方向;第四,为产学合作创设互利的基础与环境,通过解决生产难题、开发创新技术,以应用型学科建设的实力为行业、企业服务。

3.以应用能力培养为核心

以应用能力培养为核心,构建应用型本科人才培养模式的原则,既是应用型专业建设的理念,也是处理实际问题的原则。面向应用和依托学科是构建应用型本科人才培养模式必须同时遵循的两个重要原则,但在实际中,由于学制范围相对固定,如何协调两者关系,做到既突出面向应用,又强调依托学科,往往成为制订人才培养方案的难点和关键点。按照传统的思路,增加理论学时意味着减少应用学时;反之亦然,结果可能顾此失彼,造成"应用"和"学科"的冲突。"以应用能力培养为核心"主要体现在以下方面。

(1)建设应用能力培养的公共基础和专业基础课程平台

应用型教育的学科是指应用型学科,应建构一组具有应用型教育特色的学科基础课程,它们可能与传统的课程名称相同,但课程内容应遵循应用型学科的逻辑。在此基础上还可以针对不同专业学科门类,进一步建构模块化的应用型学科基础课程体系。

(2)应用能力培养贯穿于专业教学过程

应用能力是指雇主需要的能力、学生生涯发展的能力等,能力培养要遵循"理论是实践的背景"和"做中学"的教育理念,将应用能力培养贯穿于专业教学全过程。

(3)按理论与实践相融合的应用型课程原则设计好专业课程

改革课程设计思想和教学法,整合课程体系,设计课程内容,构建新的课程形式,使理论与实践相融合,实现应用导向和学科依托在课程设计中目标相一致。

(4)全面职业素质教育是重要方面

专业教育是针对社会分工的教育,以实现人的社会价值为取向;通识教育注重培养学生的科学与人文素质,拓展人的思维方式。应用型本科教育具有专业教育性质,应更多考虑生产服务一线的实际要求,突出应用能力的培养。同时,也要注重培养学生的职业道德和人格品质,使学生成为高素质的应用型人才。素质的获取不是传授,也不是培训,而是贯穿于整个人才培养的过程。因此,素质教育主要不能靠课堂教学,而是通过良好的教育环境创设和培养。

4. 坚持课程建设改革创新

应用型本科教学改革必须坚持课程建设改革与创新。应用型本科教育的课程从性质上大体可以分为三类:理论课程、实践课程、理论实践一体化课程(也称为综合性课程)。

实践课程包括实验、试验、实习、训练、课程设计、毕业设计等多个具体的教学环节。每个环节对学生培养的目的不同,如实验侧重于验证和加强理论知识的掌握,培养学生的研究、设计能力;训练是一种规范的掌握技术的实践教学环节。学术性高等教育更重视实验,实验教学是主要的实践教学内容,而应用型本科教育的实践教学呈多样化状态,尤其要重视训练环节,包括技术训练、工程训练等,以提高学生的实际应用能力。

应用型本科教育的理论课程在名称上与学术性教育的理论课程可能相同或相近,但内容和重点有所不同,需要进行课程改革。在课程性质上,实践训练课程、理论实践一体化课程与高职相近,但课程目标、内容、难度等方面应有较大提升,为适应应用型本科的培养目标,应用型本科教育需要进行课程创新。

5. 培养学生创新能力

学术性教育强调学科教育。分析课程和教学是学术性教育的重要内容,现让学生从系统级上对算法和程序进行再认识。创新能力来自不断发问的能力和坚持不懈的精神。创新能力是在一定知识积累和开发管理经验的基础上,通过实践、启发而得到的,创新最关键的条件是要解放自己,因为一切创造力都根源于人潜在能力的发挥,所以创新能力在获得知识能力、基本学科能力、系统能力之上。一个企业的发展必须有一个充满创新能力且团结协作的团队。

6. 转变教育理念

应用型本科人才培养模式构架中很重要的一点是如何看待学生,即应用型本科教育的学生观。应用型本科教育要摒弃以单纯智力因素为依据判断学生优劣的传统选拔式的观念,树立大众化高等教育阶段"激励人人成才、培育专业精英"的学生观,要把有不同人生目标、不同志趣、不致力于学术性工作的学生,培养成适应不同岗位工作的应用型专门人才,指导应用型本科教育的育人工作。

7. 加强对应用能力的考核

以能力培养为核心的应用型本科教育需从全面考评学生知识、能力和素质出发,进行考核方式方法的改革,改变单一的以笔试为主的考核方式,应注重对学生学习过程的评价,把过程评价作为评定课程成绩的重要部分;同时要采用多种考核方式,如实习报告、调研报告、企业评定、证书置换、口试答辩等综合能力考核方式,配合书面考试,使考试能切实促进教学质量的提高和应用型人才的成长。

三、计算机人才培养体系构建的基本原则

(一)人才的全面发展

人才培养体系的确定既要结合社会的发展需求,又要结合学生的实际情况。伴随着高等教育的发展,应用型本科人才培养体系既要照顾到大众化的生源特点,还要注重人才培养体系的合理性与科学性。时代在发展,理念在更新,教育工作者应注意将最新的科学技术以及社会发展的成果应用到教学中,不断维持培养体系的先进性。

人才培养体系的构建作为一项综合的工程,会涉及很多内容,不仅有教学内容还会涉及课程体系的整合与优化。应用型本科人才培养体系要参考本科人才的培养目标与标准来制定,确保应用型本科人才的全面

发展。

人的全面发展是一个长期的过程,需要不断优化应用型本科人才培养体系。人才能力的提升会间接地促进人的综合素质的全面发展。人的全面发展与个性的发展并不冲突,全面发展是个性发展的基础,个性发展是全面发展的具体表现。

(二)学术性与职业性相结合

我国一直以来都比较重视培养人才的理论性与学术性,尤其是培养对象的理论水平与科研能力。本身,学科发展就具有很强的逻辑性,学科知识也有着内在的体系价值。按照学科知识进行现实社会生产肯定会有一定的差异。缺乏一定的职业性与应用性,所培养出来的学生在现实的应用中肯定会出现这样或者是那样的问题。

所以,应用型本科人才的培养体系应该将先进的基础知识与实践能力相结合,适应社会的发展需求。

(三)知识教学与能力培养相结合

知识教学与能力培养相结合是应用型本科与一般意义上的本科的重要区别。应用型本科注重能力的培养,也注重将理论知识教学与能力相结合。新世纪对人才的定位与追求更加全面,学生一定要具备一定的综合素质才可以适应社会的发展需求。否则就没有发展的后劲,就不会在生产实际中"熟能生巧"和"技术创新",就不会分析专业性问题和创造性地解决问题,这是相辅相成的关系。

(四)专业教育与素质培养相结合

具备相应的综合职业能力和全面素质是应用型人才的重要特征。要为学生提供形成技术应用能力所必需的专业知识,同时,学生在实际工作中遇到的问题往往仅靠专业知识无法解决,还需要掌握除专业知识外的科学人文知识和经验,既具有专业知识又具有综合素质的学生很受企业青睐。

企业需要毕业生具有良好的人品.具有合作精神.拥有脚踏实地、敢于拼搏吃苦耐劳的精神,甘于奉献,最重要的是具有社会责任感。而学生普遍缺乏责任心是现代学生的特色。因此,加强学生的素质教育在任何时候都不过时,而素质培养是通过潜移默化的方式使学生所学知识和能力内化为自己的心理层面,积淀于身心组织之中。对学生的思想成长具有重要的指导和促进作用,对大学生素质的形成和发展起着主导作用,使学生不仅会做事更要会做人,不仅能成才更要能成人。

四、顺应计算机的发展潮流

随着信息技术的发展,计算机在我们的日常生活中扮演了越来越重要的作用。有专家预测,今后计算机技术将往高性能、网络化与大众化、智能化与人性化、节能环保型等方向发展。随着时代的发展、科技的进步,计算机已经从尖端行业走向普通行业,从单位走向家庭,从成人走向少年,我们的生活已经不能离开它。

随着21世纪信息技术的发展,网络已经成为我们触手可及的东西。网络的迅速发展,给我们带来了很多的方便、快捷,使得我们生活发生了很大的改变,以前的步行逛街已被网络购物所替代,以前的电影院、磁带、光盘已被网络视听所替代。计算机的发展进一步加深了互联网行业的统治地位,现在互联网在人们的心中已经根深蒂固,人们的大部分活动都从互联网开始。

现在是一个动动鼠标就可以获取知识的时代。现在很多事情,大家都会通过网络搜索来解决,这表达了互联网对我们的影响,网络搜索可以让我们在很短的时间内就可以上知天文下知地理。在网络上我们可以随时获取我们想要的知识,让人们可以花费更少的时间获取更多的知识。

网络时代的到来,增加了我们获取知识的渠道,很多时候我们再也不需要拿着沉重的书籍穿梭在茫茫人海中,现在我们只要随身携带一台便携式计算机,在我们需要的时候,连接到互联网上,所有的信息就可以在几分钟内获取到,这种获取知识的模式使人们的生活方式得到很大的简化。

网络的发展使得通信功能变得更加流行。而网络的流行,使得通信功能家喻户晓。而在随后出现的软件,各类聊天室等都成为人们互相沟通的方便快捷的工具。最原始的通信方式是在动物的骨骼上刻字来传达信息,之后人们发明了造纸术,这也成为代替前者的工具,它不仅记载简单,而且携带方便,因而成为当时最流行的通信工具,但它的传播速度是很慢的,而且没有很好的安全性。

目前,随着计算机的普及,互联网成为当下的主流通信方式,网络的出现使得通信模式越发简单化、越发方便化、越发及时。人们可以通过网络实现全球的通信,只要有网络存在的地方,就可以随时通信,不仅速度快,而且信息安全。因此,培养人才的方式,更要与时俱进,不能脱离时代发展。

五、加强特色专业教学资源建设与应用

研究和构建以网络为基础、以资源为核心、以应用为目标、以服务为特征的校本特色的专业教育教学精品资源库,为培养特色应用创新型信息类专业人才提供充沛的教学资源,并有效用于教学,以提高学生学习效率和知识消化水平及提高教师的教学效率和质量。

①研究与设计教育教学精品资源库平台,为教学资源的共享和使用提供支持。

②构建专业核心课程和特色课程的教学视频库、教案和课件库、题库、教学案例库等。

③构建信息类相关课程的慕课和微课精品库。

④构建信息类专业学生的实习资源库,包括专业实习资源库和教育实习资源库。

⑤专业教学资源库的教学实践研究与应用推广。

六、营造良好的应用创新型人才培养环境

构建多维融合的特色应用创新型拔尖计算机人才培养平台,营造良好的特色应用创新型人才培养环境。

①竭尽全力,创设各种有利条件开展学科基础平台建设,为培养特色应用创新型计算机专业人才的培养提供坚实的基础。

②构建基于科技项目和应用开发项目、以名师为纽带的大学生科技实践与创新工作室,探究应用创新型拔尖人才的培养。

③建设基于学科优势、以班级形式培养拔尖应用创新型人才的卓越软件工程师实验班。

④构建以学科竞赛和大学生创新创业项目等课外科技创新活动为依托的平台,探究拔尖应用创新型人才培养。

⑤探究多维平台的搭建和融合,以营造更好的学习气氛和科技实践与创新环境为重点,激发学生的热情、激情和创造力,培养具有区域和学校特色的应用创新型计算机人才。

第四节　新时期计算机学生的培养目标

一、适应信息社会的发展要求

对计算机人才的需求是由社会发展大环境决定的,我国的信息化进程对计算机人才的需求产生了重要的影响。信息化发展必然需要大量计算机人才参与到信息化建设队伍中。因此,计算机专业应用型人才的培养目标和人才规范的制定必须与社会的需求和我国信息化进程结合起来。

由于信息化进程的推进及发展,计算机学科已经成为一门基础技术学科,在科技发展中占有重要地位。计算机技术已经成为信息化建设的

核心技术和一种广泛应用的技术,在人类的生产和生活中占有重要地位。社会高需求量和学科的高速发展反映了计算机专业人才的社会广泛需求的现实和趋势。通过对我国若干企业和研究单位的调查,信息社会对计算机及其相关领域应用型人才的需求如下。

(一)与社会需求相一致

国家和社会对计算机专业本科生的人才需求,必然与国家信息化的目标进程密切相关。计算机专业毕业生就业出现困难不仅是数量或质量问题,更重要的是满足社会需要的针对性不够明确,导致了结构上的不合理。笔者认为计算机人才培养也应当呈金字塔结构。在这种结构中,研究型的专门人才(在攻读更高学位后)主要从事计算机基础理论、新一代计算机及其软件核心技术与产品等方面的研究工作。对他们的基本要求是创新意识和创新能力。工程型的专门人才主要应从事计算机软硬件产品的工程性开发和实现工作。他们的主要目的实现是技术原理的熟练应用(包括创造性应用)、在性能等诸因素和代价之间的权衡、职业道德、社会责任感、团队精神等。金字塔结构中应用型(信息化类型)的专门人才主要应从事企业与政府信息系统的建设、管理、运行、维护的技术工作,以及在计算机与软件企业中从事系统集成或售前售后服务的技术工作。对他们的要求是熟悉多种计算机软硬件系统的工作原理,能够从技术上实施信息化系统的构成和配置。

与社会需求的金字塔结构相匹配,才能提高金字塔各个层次学生的就业率,满足社会需求,降低企业的再培养成本。信息社会大量需要的是处在生产第一线的编程人员,占总人数的 60%～70%;中间层是从事软件设计、测试设计的人员,占总数的 20%～30%;处在最顶端的是系统分析人员,占总数的 10%。

目前计算机从业人员的结构呈橄榄形。由此可见,应用型人才的培养力度还需要加强。对于应用型人才的专门培养正是计算机专业应用型本科教育的培养目标。目前,其市场需求可以分为两大类:政府与一般企业对人才的需求、计算机软硬件企业对人才的需求。计算机本科应用型人才首先应该能够成为普通基层编程人员,通过一段时间的锻炼,他们应该能够成为软件设计工程师、软件系统测试工程师、数据库开发工程师、网络工程师、硬件维护工程师、信息安全工程师、网站建设与网页设计工程师,部分人员通过长期的锻炼和实践能够成为系统分析师。

(二)实现对研究型人才和工程型人才的需求

从国家的根本利益来考虑,必然要有一支计算机基础理论与核心技术的创新研究队伍,需要高校计算机专业培养相应的研究型人才,而国内的大部分IT企业(包括跨国公司在华的子公司或分支机构)都把满足国家信息化的需求作为本企业产品的主要发展方向。这些用人单位需要高校计算机专业培养的是工程型人才。

(三)满足复合型计算机人才的需求

在当今的高度信息化社会中,经济社会的发展对计算机专业人才需求量最大的不再是仅会使用计算机的单一型人才,而是复合型计算机人才。对于复合型计算机人才的培养一方面要求毕业生具有很强的专业工程实践能力,另一方面要求其知识结构具有"复合性",即能体现出计算机专业与其他专业领域相关学科的复合。例如,计算机人才通过第二学位的学习或对所应用的专业领域的学习,具备了计算机和所应用的专业领域知识,从而变成复合型应用人才。

(四)满足计算机人才素质教育需求

企业对素质的认识与目前高等学校通行的素质教育在内涵上有较大的差异。以自主学习能力为代表的发展潜力,是用人单位最关注的素质之一。企业要求人才能够学习他人长处,弥补自己的不足,增强个人能力和素质,避免出现"以我为中心、盲目自以为是"的情况。

(五)培养出理论联系实际的综合人才

目前计算机专业的基础理论课程比重并不小,但由于学生不了解其作用,许多教师没有将理论与实际结合的方法与手段传授给学生,致使相当多的在校学生不重视基础理论课程的学习。同时在校学生的实际动手能力亟待大幅度提高,必须培养出能够理论联系实际的人才,才能有效地满足社会的需求。为了适应信息技术的飞速发展,更有效地培养一批符合社会需求的计算机人才,全方位地加强高校计算机师资队伍建设刻不容缓。人才培养目标指向是应用型高等教育和学术型高等教育的关键区别,其基本定位、规格要求和质量标准应该以经济社会发展、市场需求、就业需要为基本出发点。

二、符合应用型人才培养目标

计算机科学与技术专业应用型人才培养目标可表述如下:本专业培养面向社会发展和经济建设事业第一线需要的,德、智、体、美全面发展,知识、能力、素质协调统一,具有解决计算机应用领域实际问题能力的高级应用型专门人才。

本专业培养的学生应具有一定的独立获取知识和综合运用知识的能力,较强的计算机应用能力、软件开发能力、软件工程能力、计算机工程能力,能在计算机应用领域从事软件开发、数据库应用、系统集成、软件测试、软硬件产品技术支持和信息服务等方面的技术工作。

应用型本科侧重于培养技术应用型人才,因此,应用型计算机本科专业下设计算机工程、软件工程和信息技术 3 个专业方向。

该专业培养的人才应具有计算机科学与技术专业基本知识、基本理论和较强的专业应用能力以及良好的职业素质。

三、适应应用型人才能力需求层次与方向

对计算机专业应用型人才能力培养目标的设定需要以人才能力需求的层次作为基础依据,人才能力需求层次又将决定专业方向模型,且任何能力都可以由能力的分解构成,其设定在很大程度上影响着对人才的培

养。应用型本科教育的培养要求是使学生毕业时具有独立工作能力,即学校在进行人才培养前首先要对人才市场需求进行分析,依据市场确定人才所需要具备的能力。应用型本科教育应将能力培养渗透到课程模式的各个环节,以学科知识为基础,以工作过程性知识为重点,以素质教育为取向。教师应了解人才培养规格中对所培养人才的知识结构、能力结构和素质结构的要求,而能力结构是与人才能力需求层次紧密相关的。

在计算机人才的金字塔结构中,最上层的研究型人才注重理论研究,而从事工程型工作的人才注重工程开发与实现,从事应用型工作的人才更注重软件支持与服务、硬件支持与服务、专业服务、网络服务、Web系统技术实现、信息安全保障、信息系统工程监理、信息系统运行维护等技术工作。结合应用型本科的特点,人才能力需求层次的划分应涉及工程型工作的部分内容和应用型工作的全部内容,其层次分为获取知识的能力、基本学科能力、系统能力和创新能力。

可以看出对毕业生最基本的要求是获取知识的能力,其中自学能力、信息获取能力、表达和沟通能力都不可缺少,这也是成为"人才"的最基本条件。学校在制订教学计划时,更应该注重学生基本学科能力培养,这是不同专业教学计划的重要体现。基本学科能力中的内容已是在较高层面上的归纳,对基本学科能力的培养,并不是几门独立的课程就可以完成的,要由特色明显的一系列课程实现应用型人才所具备的能力和素质培养的目标。之所以将系统能力作为人才能力需求的一个层次划分,是因为系统能力代表着更高一级的能力水平,这是由计算机学科发展决定的,计算机应用现已从单一具体问题求解发展到对一类问题求解,正是这个原因,计算机市场更渴望学生拥有系统能力,这里包括系统眼光、系统观念、不同级别的抽象等能力。这里需要指出,基本学科能力是系统能力的基础,系统能力要求工作人员从全局出发看问题、分析问题和解决问题。系统设计的方法有很多种,常用的有自底向上、自顶向下、分治法、模块法等。以自顶向下的基本思想为例,这是系统设计的重要思想之一,让学生分层次考虑问题、逐步求精鼓励学生由简到繁,实现较复杂的程序设计;结合知识领域内容的教学工作,指导学生在学习实践过程中把握系统的总体结构,努力提升学生的眼光,实现让学生从系统级上对算法和程序进行再认识。

在教育优先发展的国策引导下,我国的高等教育呈现出了跨越式的发展,已迅速步入大众化教育阶段.一批新建应用型本科高校应运而生,也为教育改革提出了新的课题。

应用型本科必须吸纳学术性本科教育和高等职业教育的特点,即在人才培养上,一方面要打好专业理论基础,另一方面又要突出实际工作能力的培养。因此,计算机科学与技术专业应用型本科教育应在《高等学校计算机科学与技术专业发展战略研究报告暨专业规范(试行)》(以下简称《专业规范》)的统一原则指导下,根据学科基础、产业发展和人才需求市场确定计算机科学与技术专业应用型人才培养目标,探索新的人才培养模式,建立符合计算机应用型人才的培养方案,以解决共同面临的教学改革问题。

四、推行以专业规范为基础的教学改革

(一)突出人才培养目标的指向性

根据应用型本科教育人才培养模式的"以应用为导向、以学科为基础、以应用能力培养为核心、以素质教育为重要方面"的四条建构原则,在专业教学改革中必须强调:计算机科学与技术专业应以培养应用型本科人才为主。

应用型人才是我国经济社会发展需要的一类新的本科人才,其培养目标的设计要具有这类新的本科人才的类型特征,在人才的培养规格、专业能力和工作岗位指向等方面要有别于学术型人才的培养目标。为了突出应用型人才培养目标的指向性,根据教育部《专业规范》的要求,应用型教育本科层次的培养目标应定位于满足经济社会发展需要的、在生产、建

设、管理、服务第一线工作的高级应用型专门人才,即"计算机科学与技术"专业应用型人才。培养方案的"培养目标"应明确表述为:培养德、智、体、美全面发展的、面向地方社会发展和经济建设事业第一线的、具有计算机专业基本技能和专业核心应用能力的高级应用型专门人才。

(二)构建人才培养的模式

计算机本科专业下设 4 个专业方向:计算机科学、计算机工程、软件工程和信息技术。鉴于应用型本科侧重于培养技术应用型人才的特点,考虑计算机科学与技术专业设置计算机工程、软件工程和信息技术 3 个专业,其人才培养规格为:具有扎实的自然科学基础知识,较好的经济管理基础、人力社会科学基础和外语应用能力;具备计算机科学与技术专业基本知识、基本理论和较强的专业能力(专业能力包含"专业基本技能"和"专业核心应用能力"两方面内涵)以及良好的道德、文化、专业素质。强调在知识、能力和素质诸方面的协调发展。在应用型计算机专业人才的知识结构、能力结构、素质结构的总体描述中:A 类课程——学科性理论课程是指系统的理论知识课程,包括依附于理论课程的实践性课程,例如实验、试验、课程设计、实习、课外实践活动等;B 类课程——训练性实践课程是指应用型本科教育新增加的一类实践课程,包括单独开设或集中开设的实践课程,旨在掌握专业培养目标要求的专项技术和技能;C 类课程——理论实践一体化课程或称为综合性课程,也是应用型本科教育新增加的课程类型,旨在培养综合性工作能力。

(三)遵循科学的课程体系构建原则

应用型本科教育教学改革主要包括理论导向、培养目标、专业结构、课程改革等 4 个方面,其中课程体系改革是应用型本科教学改革的关键。为了有效缩小大学的本科学习和毕业工作之间的差距,《计算机科学与技术》专业本科课程体系应能体现应用型本科教育的特点,从经济社会发展对人才的实际需求出发,了解产业和行业的人才需求,依托学科,面向应用,实现知识、能力、素质的协调发展,着眼于教育教学过程的全局,从人才培养模式的改革创新入手,依据应用型本科人才培养目标,构建"学科—应用"导向的课程体系。应用型本科教育的课程体系应包括 4 组课程:①学科专业理论知识性课程组;②专业基本技术、技能训练性课程组;③培养专业核心应用能力的课程组;④学会工作的课程组。

这 4 组课程可以概括为学科性理论课程、训练性实践课程和理论实践一体化课程 3 个基本类型。构建计算机专业的应用型本科课程体系的基本原则应该是:从工作需求出发,以应用为导向,以能力培养为核心,建设新的学科基础课程平台;组建模块化专业课程;增加实践教学比重,强调从事工作的综合应用能力培养。通过改革理论课程,增加基本技术、技能训练性课程,创新理论实践一体化课程,依据各自学校的实际条件,最终形成有特色的应用型本科专业课程体系结构,计算机专业课程体系应当采用适当的结构图(如柱形图、鱼骨图等)形式来描述,并在各学校的专业人才培养方案中明确给出相应的课程体系结构。比如,北京联合大学构建的"软件工程方向"的"柱形"结构课程体系,合肥学院构建的"模块化"结构课程体系,金陵科技学院构建的计算机科学与技术专业(软件工程)方向的"鱼骨形"课程结构图,浙江大学城市学院构建的"211 阶段型"结构课程体系,等等。

进入 21 世纪以来,推崇创新、追求创新成为人们普遍的意识。在我国,为适应知识经济时代对创新型人才的需求,推进教育创新成为我国深化教育改革进程中面临的一项重要而紧迫的任务。实施创新教育是一项艰巨、复杂的工程,它涉及教育观念、教育体制、育人环境、教学内容、教学模式、教学方法、教学评价体系等诸多方面。

高等教育大众化推动了高等教育的快速发展。为了顺应高等教育大众化发展的需要,培养出符合社会经济发展需要的应用型人才,各学校都在借鉴国内外先进的应用型本科教学模式的基础上,锐意进取,不断改革创新,找到符合本校特色的计算机科学与技术专业应用型本科人才培养方案。

第四章　新时期计算机课程体系与教学体系的改革

目前计算机在社会之中得到广泛应用,在计算机基础课程教学过程当中,如果依然采取传统模式进行教学,无疑会落后时代发展步伐,不利于对学生的培养以及教学效果的提高。所以,应当加强对计算机基础课程体系的研究和构建,同时应当加强计算机教学体系的改革工作,提升计算机教学质量以及效果。本章分为课程体系改革、教学体系改革、教学管理改革、师资队伍建设四部分。主要内容包括课程体系建设、课程教学改革、教材建设、教学资源平台建设、专业实训建设与改革、教学制度、过程控制与反馈、师资结构、教师发展等方面。

第一节　课程体系改革

一、课程体系建设

课程体系设置得科学与否,决定着人才培养目标能否实现。如何根据经济社会发展和人才市场对各专业人才的真实要求,科学合理地调整各专业的课程设置和教学内容,建构一个新型的课程体系,一直是我们努力探索、积极实践的核心。计算机学院将课程体系的基本取向定位为强化学生应用能力的培养。本专业的课程设置体现了能力本位的思想,体现了以职业素质为核心的全面素质教育培养要求,并贯穿于教育教学的全过程。教学体系充分反映职业岗位资格要求,以应用为主旨和特征构建教学内容和课程体系;基础理论教学以应用为目的,以"必须、够用"为度,加大实践教学的力度,使全部专业课程的实验课时数达到该课程总时数的 30％以上；专业课程教学加强针对性和实用性，教学内容组织与安排融知识传授、能力培养、素质教育于一体，针对专业培养目标，进行必要的课程整合。

（一）指导思想

1. 遵循基本规律

"面向应用、需求导向、能力主导、分类指导"是大学计算机基础教育实践中已取得的基本经验，也是基本规律，它不仅指导大学计算机基础教育课程建设，同样也指导课程体系设计。也就是说课程体系也要遵循"面向应用、需求导向、能力主导、分类指导"的基本规律进行设计。

2. 体现改革目标

大学计算机基础教育教学改革的四个目标，即"设计多样化课程体系，实施灵活性教学""更新课程内容，适应计算机技术发展""重视计算思维能力培养""提升运用计算机技术解决问题的能力"，在课程体系设计中也应体现。

3. 以课程改革为基础

大学计算机基础教育课程改革是其课程体系改革的基础，也就是说现在讨论的课程体系改革是建立在每一门相关课程改革基础上的。

4. 制定和提出指导性意见

大学计算机基础教育的各级各类专家组织，如各级教学指导委员会、各类学术组织等，可视大学计算机基础教育的发展状况，制定和提出大学计算机基础教育课程体系框架，并分阶段给出课程和课程体系改革的指导性意见或建议，有关学校可学习参考这些意见或建议，设计开发本校大学计算机基础教育课程和课程体系。

5. 放手学校自主构建相应课程体系

由学校自主构建大学计算机基础教育课程体系是对大学计算机基础教育课程体系改革的创新。学校依据教育主管部门对大学计算机基础教育的要求、有关专业学术组织对该课程体系构建的指导性意见或建议、各种类型的教育、各类专业的需求、学生实际情况等，按学校的总体要求，选择构建相应的课程体系,经批准后实施。

6. 引进现代教育技术

现代教育技术对教育的支持越来越重要,已成为提高教学质量的关键要素之一。现代教育技术在课程与教学中的应用包括教学资源库建设、课程和教学的数字化平台开发以及翻转课堂、微课程、MOOC的应用等。现代教育技术在教学中的应用不仅限于技术层面,而且涉及教学的各个方面,因此,在大学计算机基础教育中引进现代教育技术,要从整体层面考虑,进行顶层设计。

7. 逐步借鉴国际教育经验

在出国考察借鉴其他国家大学计算机基础教育经验时,我们往往发现国外没有大学计算机基础教育这一提法,也就是说大学计算机基础教育是中国特色,而且这一特色对中国高等教育普及和推广计算机技术起到关键性作用。但调查也显示,尽管国外大学没有大学计算机基础教育的提法,也没有明确的教学环节和教学组织机构,却都存在大学计算机基础教育的内容,其方式是在学校指导下学生选学相关计算机课程,学校要求必须修满必要的学分,通过这一方式达到对各专业学生计算机技术的普及应用。这种做法,在推动我国新的大学计算机基础教育教学改革中值得借鉴。

(二)构建原则

1. 提高课程及其改革的认识

首先,学校应提高对大学计算机基础教育及其改革的认识,明确在非计算机专业中大学计算机基础教育的重要作用和定位,传承大学计算机基础教育的历史经验,推动大学计算机基础教育教学改革。

其次,学校应将大学计算机基础教育课程体系构建的主导权更多地交给用户,即非计算机专业的教师和学生,但前提是必须明确非计算机专业中大学计算机基础教育的重要作用和定位,同时明确构建课程体系要坚持已取得的经验,并在此基础上进行课程体系构建的改革。

2. 确定课程的必修学时、学分与选修学分

明确大学计算机基础教育的重要作用和定位，要落实到具体的学时、学分要求和教学环境保障等。学校应明确规定大学计算机基础教育课程的必修学时、学分与选修学分，落实教学组织机构，搭建好教学平台。

3. 评估大学新生计算机基本操作能力

肯定作为"狭义工具"的计算机基本操作能力在学生职业生涯和社会生活中的重要意义，肯定计算机应用能力中基本操作能力的作用，正视大学新生掌握计算机基本应用能力"不均衡"的现实情况，评估各校新生计算机基本操作能力，依据《大学生计算机基本应用能力标准》（以下简称《能力标准》），灵活开设达标性课程。

大学计算机基础教育中有"狭义工具论"之说，实质上有贬低计算机基本操作能力之意，而上文提到的"狭义工具"不是"狭义工具论"，而是针对计算机"广义工具"而言的，就是说无论是计算机硬件、软件，还是系统、平台，抑或计算的思维、行动，对非计算机专业学生而言，都起着"工具"的作用，使用计算机的目的在于解决非计算机专业学科领域的问题。在广义、狭义之中，"狭义工具"是最重要的计算机基本操作能力，无论是科学家、工程师、教师、学生、干部、群众都必须具备使用计算机"狭义工具"的能力，所以这一讨论不在于说明计算机"狭义工具"是否重要，而在于对大学新生掌握"狭义工具"的计算机基本操作能力水平的评估。调查显示的大学新生掌握计算机基本应用能力"不均衡"的现实状态，决定作为以往的大学计算机基础教育第一门课程的"大学计算机基础"，必须依据《能力标准》和学生实际情况，灵活开设。

4. 发布大学计算机基础教育课程目录

学校可依据课程设计层次框架，对校内开设的大学计算机基础教育课程提出要求。可以由学校相应大学计算机基础教育教学机构提出课程大纲、选用教材和其他已具备的相应教学资源和环境等信息，也可由学校其他教学单位（如专业）提出拟开设的大学计算机基础教育课程信息，形成校内大学计算机基础教育课程目录，这一目录是经过学校审批可能开

设的课程。这些课程应体现课程改革的特征,并符合学校的实际情况。课程开设者以校内大学计算机基础教育教学机构的教师为主也可包括非计算机专业的教师,还可以是学校可接受的 MOOC 形式的教师。

5.构建大学计算机基础教育课程体系

学校自主构建大学计算机基础教育课程体系,应由学校对相关课程教学提出具体要求,依据或参照各级教学指导委员会、各类学术组织等提出的大学计算机基础教育课程体系框架、课程和课程体系改革建设的指导性意见或建议,在学校计算机专家、教师指导下,以非计算机专业对开设大学计算机基础教育课程的意见为主构建本校计算机基础教育课程体系,并提出实施方案,经学校批准后实施。

(三)实施方案

1.以能力为导向,构建"模块化"课程体系

根据培养标准对学生知识、能力和素质等方面的要求,通过打破课程之间的界限,整体构建课程体系,有针对性地将一个专业内相关的教学活动组合成不同的模块,并使每个模块对应明确的能力培养目标,当学生修完某模块后,就应该能够获得相关方面的能力。通过模块与模块之间层层递进、相互支撑,实现本专业的培养目标,并将传统的人才培养"以知识为本位"转变为"以能力为导向"。

2.围绕能力培养目标,设置模块教学内容

针对本模块的培养目标有选择性地构建教学内容,将传统的课程改造为面向特定能力培养的"模块"。同时,整合传统课程体系的教学内容,实现模块教学内容的非重复性。另外,充分发挥合作企业所具有的工程教育资源优势,与企业共同开发和建设具有综合性、实践性、创新性和先进性的课程模块。

经过专业教师反复调研、研讨,将人才培养方案中具有相互影响的、有序的、互动的、相互间可构成独立完整的教学内容体系的相关课程整合在一起构成课程群。将本专业核心课程划分为基础课程群、硬件课程群和软件课程群。基础课程群包括计算机科学导论、离散数学、程序设计与

问题求解、数据结构等;硬件课程群包括计算机网络、计算机系统结构、计算机组成原理、微机接口技术;软件课程群包括软件工程、操作系统、数据库原理及应用、算法分析与设计。通过课程群来整合课程教学内容,规划课程发展方向和新课程的建设,将学生各种能力的培养完全融于课程群之中。其中,确立"程序设计与问题求解""数据结构""面向对象程序设计"和"数据库原理及应用"四门课程为重点建设的核心课程。力求以重点课程的建设带动整个课程体系的建设,力求以点带面的建设促进本专业整个课程建设质量的提升。

(四)课程建设

作为本科教育的主渠道,课程教学对培养目标的实现起着决定性的作用。课程建设是一项系统工程,涉及教师、学生、教材、教学技术手段、教育思想和教学管理制度。课程建设规划反映了各校提高教育教学质量的战略和学科、专业特点。计算机专业的学生就业困难,不是难在数量多,而是困在质量不高,与社会需求脱节的问题。通过课程建设与改革,解决课程的趋同性、盲目性、孤立性,以及不完整、不合理交叉等问题,改变过分追求知识的全面性而忽略人才培养的适应性的倾向。

1. 夯实专业基础

针对计算机科学与技术专业所需的基础理论和基本工程应用能力,构建统一的公共基础课程和专业基础课程,作为各专业方向学生必须具有的基本知识结构,为专业方向课程模块提供有效支撑,为学生后续学习各专业方向打下坚实的基础。

2. 明确方向内涵

将各专业方向的专业课程按一定的内在关联性组成多个课程模块,通过课程模块的选择、组合,构建出同一专业方向的不同应用侧重,使培养的人才紧贴社会需求,较好地解决本专业技术发展的快速性与人才培养的滞后性之间的矛盾。

3. 强化实际应用

为加强学生专业知识的综合运用能力和动手能力,减少验证性实验,增加设计性实验,所有专业限选课都设有综合性、设计性实验,还增设了"高级语言程序设计实训""数据结构和算法实训""面向对象程序设计实训""数据库技术实训"等实践性课程。根据行业发展的情况、用人单位的意向及学生就业的实际需求,拟定具有实际应用背景的毕业设计课题。

二、课程教学改革

(一)研究目标

1.确立计算思维培养地位

无论在国外还是国内,计算思维的研究已经提到了一定的高度,但如何培养计算思维能力,是目前计算机教育界值得探讨和探索的问题。如何正确认识和准确定位计算思维在计算机基础课程教学过程中的贯彻和落实,如何针对当今的计算机基础课程教学进行课程内容的改革,以适应社会科技形势发展的需要,是当今计算机基础课程教学面临的重要挑战。因此,必须确定计算思维的发展情况,确立思维教学,特别是基于计算思维的教学学科体系。

2.探索计算教学模式与学习模式

通过对计算机基础课程教学的阐述,探索出基于计算思维方法的课程教与学的模式:要求学习者在教学者的指引下,运用计算机基础概念或者计算机的思想和方法,学习知识,解决实际问题;要求教学者通过课程的教学内容、教学手段以及教学技术等,使学习者掌握计算机方法论,提高计算思维能力,在走向社会时能很快适应工作的要求。

3.形成系统结构模型

探索基于计算思维的教学模式在语言程序设计、软件工程课程教学中的实践应用,分析课程对应的培养目标,构建教学模式在具体课程的实施程序。探索基于计算思维的学习模式应用,形成"一专(计算思维专题网站)一改(软件工程课程教学中计算思维能力培养模式探索教改项目)"的系统结构模型(TR结构模型)。结构模型首先以专题网站对这一新兴思维的本质、特征、发展、原理、国内外动态相关研究、教学案例等进行专题说明;其次,在软件工程课程教学中,运用计算机科学基础概念设计系统,求解问题,理解人类开发设计系统的行为,构成一个以计算思维专题网站为主体、以能力培养为核心、以软件工程教学改革在线学习系统为应用载体的新型计算机基础课程教学改革培养模式,为课程教学中的培养奠定基础。

(二)改革措施

1.融合多种教学形式

通过将课堂教学、研讨、项目、实验、练习、第二课堂和自主学习等不同的教学形式引入模块化教学环节,学期结束进行专业核心课程的设计实习环节,以一个综合性的设计题目训练和考查学生对专业课程知识的运用能力,实现理论教学与实践教学的紧密结合,强化对学生工程能力和职业素质的训练。

2.改进考核方式

计算机专业课程内容多,程序设计习题涉及范围广。为此,课程考核从偏重于期末考试改变为偏重于进行阶段考试。学期中可增加多次小考核,这能够使学生认真对待每一部分的学习。

3.促进教学手段多样化

教师授课以板书和多媒体课件课堂教学为主,并借助相关教学辅助软件进行操作演示,改善教学效果,同时配合课后作业以及章节同步上机实验,加强课后练习。

4.加强研究教育环节

在研究教育环节上,坚持学生主动参与研究、加速人才成长的基本原则。在研讨学习类课程中,重点教授给学生研究方法、路径。而具体问题的解决则由学生主动地寻找其方案。对于今后立志从事研究工作的学生,则让他们及时参与教师的研究团队,使其较早地得到科研环境的熏陶、科研方法的指导、科研能力的提高。

三、精品课程建设

目前 IT 专业的自治区级精品课程有"数据库原理及应用""VB 程序

设计""数字化教学设计与操作",校级精品课程有"CAI课件设计与制作"等,对以上课程以及所有核心课程,按精品课程建设的要求,结合精品课程建设项目和教学实践,建成了课程网络教学平台,实现了课堂理论教学、课内上机实验、课程设计大作业、课外创新项目等相结合的立体化教学,切实改善了教学内容、教学方法与手段和教学效果等,产生了一些特色鲜明、内容翔实的教学成果,带动了专业整体课程教学改革和水平的提高,有效地提升了专业教学的质量。

四、教学资源平台建设

建设开放和共享的网络教学资源平台,不仅为开放式的网络教学和数字化学习提供了极为有利的条件,而且为学生自主学习、协作学习及与兄弟院校共享教学资源创造了一个良好的平台。目前,学院已完成C语言的在线上机测试平台建设并投入使用,C语言、数据结构、数据库、C♯等课程的试题库、教学视频库、教学案例库的建设已基本完成,正在进行实习资源库、微课、慕课等资源库建设工作。

五、教学质量监控

(一)课堂教学监控

完善传统教学质量监控体系。通过听课和评课教学监控制度的实施,保证课堂教学的授课质量。通过及时批改学生的作业,进一步了解课堂教学的实际效果,根据学生学习情况及时对教学方案进行调整。

利用先进技术手段,强化课堂教学质量监控。启用课堂监控视频线上线下的功能,各类人员可以根据权限,对课堂教学进行全方位的监督、观摩和研讨等。

(二)实践教学过程监控

学院特别强调实践教学质量,包括课程实验、毕业设计和实训、学期综合课程设计,以及学生项目团队的项目辅导等方面的工作。课程实验和学期综合课程设计,严格检查学生的实验报告和作品,并对其进行批改和评价。要求毕业设计和实训按时上交各个阶段的检查报告,并对最终完成的作品进行答辩评分。

六、校企合作构建课程体系

(一)共同探讨新专业的设置

新设置专业必须以就业为导向,适应地区和区域经济社会发展的需求。在设置新专业时,充分调查和预测发展的先进性,在初步确定专业后,邀请相关企业或行业部门、用人单位的专家等进行论证,以增强专业设置的科学性和现实应用性。

(二)校企合作开发教材

教材开发应在课程开发的基础上实施,并聘请行业专家与学校专业教师针对专业课程特点,结合学生在相关企业一线的实习实训环境,编写针对性强的教材。教材可以先从讲义入手,然后根据实际使用情况,逐步修改,过渡到校本教材和正式出版教材。

(三)校企合作授课

选派骨干教师深入企业一线顶岗锻炼并管理学生,及时掌握企业当前的经济信息、技术信息和今后的发展趋势,有助于学校主动调整培养目标和课程设置,改革教学内容、教学方法和教学管理制度,使学校的教育教学活动与企业密切接轨。同时学校每年聘请有较高知名度的企业家来校为学生讲课做专题报告,让学生了解企业的需要,让学生感受校园的企业文化,培养学生的企业意识,尽早为就业做好心理和技能准备。

(四)校企合作确定教学评价标准

校企合作的教学评价体系需要加入企业的元素,校企共同实施考核评价,除了进行校内评价之外,还要引入企业及社会的评价。我们需要深入企业调研,采取问卷、现场交流相结合等方式,了解企业对本专业学生的岗位技能的要求,以及企业人才评价方法与评价标准,有针对性地进行教学评价内容的设定,从而确定教学评价标准。

第二节　教学体系改革

一、专业实训建设与改革

计算机专业应用创新型人才培养要求学生具有较强的编程能力和数据库应用能力,初步具有大中型软件系统的设计和开发能力,具有较强的学习掌握和适应新的软件开发工具的能力以及较强的组网、网络编程、设计与开发、维护与管理能力。

(一)实验室建设

以某高校为例,其建立了多个计算机的专业研究所以及各级实验室,包括模式识别与智能系统实验室、智能信息处理大学生科技实践与创新工作室、智能信息处理实验室、科学计算与智能信息处理实验室等。该校还与兄弟院系联合成立现代物流与电子商务研究所,共同拥有北部湾环境演变与资源利用实验室(省部共建重点建设实验室)和地表过程与智能模拟重点实验室。这些都为学生开展课程实践创新创业活动提供了坚实的硬件环境基础。

(二)构建实践教学体系并制定标准

某高校通过分析应用型本科计算机专业实践教学体系及其实施过程中存在的不足,提出了构建培养应用创新型人才的"基本操作""硬件应用""算法分析与程序设计""系统综合开发"四种专业能力的实践教学体系,并给出了具体途径方法及实施效果,使学生在理论课程学习的基础上,有方向地掌握了实践知识和开拓创新思维,使其所学的知识与未来的就业联系密切,从而使学生学习更有动力。

(三)实践教学师资建设

重视实践教学师资建设,加强教学经验与资源的总结、研究与推广,实现科研与教学的融合,采取引进与培养相结合的方式,不断优化教师队伍结构,全面提高教师队伍的整体水平。例如,积极引进急需的专业人才,同时加快现有师资力量的培养提高,加大"双师型"师资队伍建设的力度,通过选派教师参加企业实践、参加技师培训和考核、参与重大项目开发合作、赴国内外知名大学进修等手段,提高教师的专业理论和技术水平。目前,本专业绝大多数教师具有硕士研究生以上学历,具备从事软件项目的应用开发能力和较强的工程应用能力,同时多人具有在知名软件企业的工作经历,已基本形成既能从事"产学研"开发工作,又具有较高学术水平和发展潜力的教师队伍。

(四)开设专业课程设计教学

专业实践类课程包括与单一课程对应的课程实验、课程设计,与课程群对应的综合设计、系统开发实训等。每一门有实践性要求的专业课程都设有课程实验,根据实践性要求的高低不同开设对应的课程设计,课程设计为 1~2 个学分。每一个课程群的教学结束后会有对应的综合设计、系统开发实训课,以培养学生的综合开发和创新设计能力。

(五)进行多样化教学模式探索

多样化教学模式探讨,把适合实践课程教学的教学理论方法,如任务驱动式、多元智力理论、分层主题教学模式、"鱼形"教学模式等综合应用到网页制作、数据库设计、程序设计、算法设计、网站系统开发等课程中,利用现代通信工具、互联网技术、学校评教系统,以及课堂、课间师生互动获取教学效果反馈,根据反馈结果及时调整教学方式和课程安排,以有效解决学生在理论与实践结合过程中遇到的问题,在解决问题的过程中逐步提高学生的应用创新能力。

(六)开展学生创新创业项目

对学生进行专门的创新创业启蒙教育(约 5 个学时),引导学生增强创新创业意识,形成创新创业思维,确立创新创业精神,培养其未来从事创业实践活动所必备的意识,增强其自信心,鼓励学生勇于克服困难、敢于超越自我。

鼓励学生申报校级、区级、国家级创新创业项目,安排专业知识渊博、实践经验丰富、特别是有企业工作经验和科研项目研究经验丰富的教授、博士、硕导作为项目指导教师,对学生的项目完成过程进行全程指引,以促进培养学生的实践应用创新能力。

(七)组织学生参加各类竞赛

积极组织学生参加各种专业技能大赛,并组织教师团队对参赛的学生进行专业知识和技能培训。通过参加竞赛充分培养学生的创新思维能力,检验学生对本专业知识、实际问题的建模分析,以及数据结构及算法的实际设计能力和编码技能;鼓励学生跨专业、跨系、跨学院多学科综合组建团队,通过赛前的积极备战,锻炼学生刻苦钻研的品质,培育团队协作的精神,增强学生的动手能力和工程训练,提高学生的创新能力和分析问题、解决问题的能力。

(八)创建"四位一体"实践模式

在"以生为本,学用并举"的实践教学理念指导下,构建课程实验、"两个一"工程、学科竞赛、校外实践基地等"四位一体"实践教学新模式,创建基本操作训练、编程训练、设计训练、综合开发训练的"四训练、五能力"课程实验模式,改革实验教学内容和方法,创建"开发一个软件系统、组建一个网站"的"两个一"工程校内实践模式。

积极开展实验实习实训活动,特别大力开展特色实践教学建设,由"实践基地+项目驱动+专业竞赛"共同构建实践平台,实现"职业基础力+学习力+研究力+实践力+创新力"的人才培养。

二、实习改革与实践

大学实习可以说是学生大学生涯的最后一个学习阶段,在这个阶段,学生学习如何把大学几年所学的专业知识真正应用到职业工作中,以验证自己的职业抉择,了解目标工作内容,学习工作及企业标准,找到自身职业的差距。实习的成功将会是大学生成功就业的前提和基础。为了让学生能尽快适应实习工作,针对应用创新型人才培养的要求,可以围绕实习工作进行以下改革和实践。

（一）实践基地建设

积极与行业企业基地联系，开拓实践教学基地和毕业实习基地，积极与企业探讨学生的实习内容与实习形式，给学生创造更多的实践与技能训练的时间和空间，培养学生的实践能力和操作技能，提高学生的管理和实践能力。

根据国内 IT 企业对计算机应用创新型人才的不同需要以及软件企业岗位设置与人员配置的情况，分析本校计算机专业实践基地建设与学生专业应用创新能力现状，提出"教研结合，分类培养，胜任一岗，一专多能"的实践基地建设思路，建立与完善了软件开发、通信与网络技术、软硬件销售等多种类型的计算机专业实践基地。同时通过实践基地的建设，提高了学生的项目管理、需求分析、数据库设计、软件设计、软件测试、网络技术、硬件安装测试与销售等专业应用能力，更好地实现了本专业分类培养应用创新型人才的培养目标。

（二）建立多方面共同考核的实习评价机制

提高地方高等院校计算机科学与技术专业应用创新型人才培养质量的重点是加强学生实践能力和创新能力培养。在"以生为本，学用并举"的实践教学理念指导下，创建以科研项目形式推进和管理的学科竞赛创新实践模式，建构双师指导，分类培养，建立"两个一"工程导师制，建立学校、软件开发公司、通信网络公司、软硬件销售公司、中等职业学校、IT 企业等实践基地，建立学校、竞赛、公司企业实践基地等共同考核学生专业应用能力的评价机制。

三、毕业论文改革与实践

近年来，由于社会浮躁心态、毕业生的就业压力、学校教师资源等因素的影响，本科毕业论文总体质量呈下滑态势。为提升毕业论文质量，某高校在本科毕业论文质量提升体系方面进行了改革实践与探索，取得了良好的效果，具体措施如下。

（一）工作组织

成立本科毕业论文工作指导小组，由教学副院长以及系主任、3～5名骨干教师组成，统筹安排毕业论文相关工作，包括选题、开题、中期检查、答辩等。其具体职责是：制订毕业论文工作计划；监管选题和审题工作；审批指导教师及答辩委员会人选；检查工作计划执行情况，并进行最终的毕业论文工作总结。

（二）选题工作

选题工作的实践原则：合理选题，调动学生积极性；提前选题，实现长时间培养。论文选题工作一般在第七学期期末进行，一般是学院教师定题、学生被动选题的固定模式，学生在选题过程中的自主性较低，忽视了其兴趣及特长对毕业论文质量的影响。部分题目重复现象较多，缺乏创新性。此外，一些题目过大过空，脱离本科阶段培养目标，严重与就业脱轨等。所以论文选题应结合生产实际，符合专业培养目标，体现科学性、实践性、创新性。为保证选题质量，要求每人一题，且三年内题目不得重复。学生在企业、单位实践实习期间深入调研，可主动提出毕业论文建议题目，经与导师论证后正式立题。

（三）指导教师

①探索开展本科生导师制，帮助学生系统规划大学的学习与生活，提高学生的自我学习能力、实践能力和科研能力，提高学生的个人综合素质，直至负责学生毕业为止。

②探索开展双导师制，即本科毕业论文指导工作由所在高校和相关企业共同完成，包括企业导师和学校导师。为保证指导质量，每名指导教师指导学生原则上不超过3名。

③毕业论文协同指导与交流。协同指导，是指以小组为单位，指导模式由传统的学生与指导教师间的多对一关系转变为多对多关系，即教师间相互合作，协同指导。

（四）过程管理

在传统培养模式下，学生毕业论文全部在学校完成。

①探索开发新的培养模式，可以将毕业论文执行过程分为主体框架

搭建阶段和后期完善阶段。其中主体框架搭建阶段为第 8 学期 1～10 周,主要在合作企业完成;后期完善阶段为第 8 学期 11～15 周,主要在学校完成。

②分段实施。借助于教学科研平台,实施大学生创新实验项目,实施优秀学生提前进入实验室计划。对学习成绩优秀、专业思想牢固、热衷于创新和科学研究的同学,通过选拔,提前进入实验室,将毕业论文工作前移。

③环节控制。建立和完善论文质量监控程序,在毕业论文写作的各个环节都要建立不同的质量监控措施。

(五)答辩与成绩评定

1.传统模式

学生在完成毕业论文后,应向所在学院提出答辩申请,学院审核后提前公布具有答辩资格的学生名单及具体的答辩时间,安排进度表。如果毕业论文评阅不合格,或本科学习阶段有严重违纪行为,不能获得答辩资格。答辩过程可以包括成果陈述和答辩提问两个环节,每个环节持续时间一般为 10～15 分钟。答辩小组依据学生论文质量与答辩临场发挥情况,评定答辩成绩。

2.探索评定新模式

①与创新型专业竞赛挂钩。鼓励学生将毕业设计与参加创新型专业竞赛结合,通过参加比赛,既能促使学生灵活、有效地运用所学的专业知识,又能激发学生对专业领域问题的研究兴趣,从而产生创新性知识。毕业论文成绩与竞赛成绩进行挂钩,既有效地提高了毕业设计的创新性和实用性,又极大地提升了学生的动手能力。

②与在学术期刊发表挂钩。鼓励学生将毕业论文进行提炼,向学术期刊投稿。若论文能在学术期刊发表,既可以充分反映毕业生对专业知识的理解和运用能力,同时因为学术期刊的严格审稿制度,理所当然地可以认定为一篇好论文。据此,由毕业论文工作指导小组从学术道德规范、期刊等级等角度,对应评价论文为"优"或"良"。

③与申请软件著作权挂钩。鼓励学生将毕业论文设计中的代码部分进行整理规范,申请构件著作权,若申请成功,则由毕业论文工作指导小

组从代码质量和工作量以及潜在的应用价值角度,对应评价论文为"优"或"良"。

第三节 教学管理改革

一、教学制度

(一)校级教学管理

一套成熟的教学制度应具备一个完整、有序的教学运行管理模式,如建设质量监控队伍,建立教学管理制度、教学工作的沟通及信息反馈渠道等。学校教务处应负责全校教学、学生学籍、教务、实习实训等日常管理工作,同时设有教学指导委员会、学位评定委员会、本科教学督导组等,对各系的教学工作进行全面监督、检查和指导。

学校教务管理系统还应实现学生网上选课、课表安排及成绩管理等功能,另外教学管理工作在学校信息化建设的支持下,还能进行如学籍管理、教学任务下达和核准、排课、课程注册、学生选课、提交教材、课堂教学质量评价等工作。网络化的平台不仅可以保障学分制改革的顺利进行,还能提高工作效率,同时,也能为教师和学生提供交流的平台,有力地配合教学工作的开展。

学校应制订学分制、学籍、学位、选课、学生奖贷、考试、实验、实习及学生管理等制度和规范,并严格执行。在学生管理方面,对学生德、智、体综合考评,大学生体育合格标准,导师、辅导员工作,学生违纪处分,学生考勤,学生宿舍管理及学生自费出国留学等都做了规定。

(二)系级教学管理

计算机工程系自成立以来,由系主任、主管教学的副主任、教学秘书和教务秘书等负责全系的教学管理工作。主要负责制订和实施本系教育发展建设规划,组织教育教学改革研究与实践,修订专业培养方案,制订本系教学工作管理规章制度,建立教学质量保障体系,进行课堂内外各个环节的教学检查,监督协调各教研室教学工作的实施等。系里负责教学计划与任课教师的管理、日常及期中教学检查、学生成绩及学籍处理以及教学文件的保存等。

(三)教研室教学管理

系下设多个教研室,负责专业教学管理,修订教学计划,落实分配教学任务,管理专业教学文件,组织教学研究活动与教育教学改革、课程建设、编写修订课程教学大纲、实验大纲,协助开展教学检查,负责教师业务考核及青年教师培养等。

二、过程控制与反馈

计算机学院设有本科教学指导委员会(由学院党政负责人、各专业系负责人等组成),负责制订专业教学规范、教学管理规章制度、政策措施等。学校和学院建立有本科教学质量保障体系,学校聘请具有丰富教学经验的离退休老教师组成本科教学督导组,负责全校本科教学质量监督和教学情况检查等。通过每学期教学检查、毕业设计题目审查、中期检查、抽样答辩、教学质量和教学效果抽查、学生评价等环节,客观地对本科教育工作质量进行有效监督和控制。

(一)教学管理规章制度健全

学校以国家和教育部相关法律法规为依据,针对教师培训制度、教学管理制度、教学质量检查与评价制度、学生学籍管理制度以及学位评定制度等制订了一系列文件,并针对教学管理中出现的新情况、新问题,对教学管理相关文件做及时修订、完善和补充。在学校现有规章制度的基础上,根据实际情况和工作需要,计算机学院又配套制定了一系列强化管理措施,如《计算机工程系教学管理工作人员岗位职责》《计算机工程系专任教师岗位职责》《计算机工程系实训中心管理人员岗位职责》《计算机工程系课堂考勤制度》《计算机工程系应用本科实习实训工作管理制度》《计算机工程系毕业设计(论文)工作细则》《计算机工程系教学奖评选方法》《计算机工程系课程建设负责人制度》等。

(二)严格执行各项规章制度

学校形成了由院长→分管教学副院长→职能处室(教务处、学生处等)→系部分级管理组织机构,实行校系多级管理和督导,教师、系部、学校三级保障的机制,健全的组织机构为严格执行各项规章制度提供了保证。

学校还采取全面课程普查,组织校领导、督导组专家听课,每学期第一周(校领导带队检查)、中期(教务处检查)、期末教学工作年度考核等措施,保证规章制度的执行。

第四节　师资队伍建设

一、高校计算机师资队伍存在的主要问题

(一)专业教师数量少、知识层次较低

受我国的高校计算机类专业教育发展缓慢与社会产业发展迅速的矛盾影响,同时也因在地理位置、薪资和待遇、工作条件和发展空间等方面缺乏足够的吸引力,后发展地区的普通高校引进高学历、高职称和高业务水平的计算机类专业教师很不容易。此外,由于高校规模扩大,政府投入教育经费有限,以及教学任务繁重等原因,专业教师获得再深造的机会较少,这在知识爆炸的知识经济时代和信息技术不断推陈出新的今天,可以说是一个很危险的境况。因此,这类高校的IT类专业教师的学历和知识层次相对较低,生师比较高。教师数量不足和质量不高已成为制约后发展地区高校教育教学工作正常开展和提高质量的重要因素之一。

(二)专业教师缺乏工程经验

普通院校招聘到的计算机类专业教师绝大部分是直接从高校毕业,没有进入社会和企业接受过锻炼的"从学校到学校、从未到过工业一线的毕业生"。由于教育经费有限、教学任务繁重等原因,教师极少获得专业培训、实际项目训练和企业锻炼的机会。因此,大部分教师没有实际项目研发的经验。计算机软件方向的专业作为工科类专业,其专业理论与实践紧密结合,很多理论需要在实践中才能领悟、才能升华。因此,没有实际的项目开发经验的积累难以做好实践教学工作,而脱离实践的理论教

学往往又是抽象和枯燥的,学生不易理解和吸收。

二、高校计算机师资队伍建设工作

(一)学校层面的师资建设

学校应规划出台并修订一系列人才选拔、人才管理和考核的规章制度和措施,旨在大力引进人才,特别是高层次人才,大力培育和激励校内人才,以优化师资队伍结构激发广大教职工的工作积极性、主动性和创造性,提高学校师资队伍的整体水平。"栽好梧桐树,引来金凤凰",通过全面推进人才队伍建设,使得学校锐意进取、积极开拓,既要"情感"留人、"待遇"留人,更要"政策"留人、"环境"留人,启动教学名师、学科带头人、重点学术骨干、重点学术团队等选拔工作,打造高端人才队伍的建设……以达到"引得进、留得住、用得好"。此外,学校还应着力解决教职工关心的待遇和福利问题。通过提高教职工的福利待遇、加快危旧房改造和住房改造及建设工作等,以及建立竞争激励机制,充分调动广大教职工的积极性、主动性和创造性,增强学校的凝聚力,创造良好的引才育才环境,为人才队伍建设提供"物资"支撑,不断提高学校的教学质量、学术水平和办学效益。

(二)IT专业教学团队建设

1.营造良好工作环境

应积极组织专业教师团队坚持统一认识、统一步调,确保整个团队始终围绕既定目标,不偏离方向,通过明确发展目标增强团队成员对自身团队角色和团队整体的认可度,调动团队每一位成员的积极性,激发团队成员的创造欲望。一个良好的团队,不仅为教师创造了和谐、民主、团结、有凝聚力的小环境,更为年轻教师创造了良好的学术发展大环境,建立了学术骨干梯队和课程教学分团队。

一个IT专业教学团队如果形成了分工明确又相互协作的团队风格,大家互相关心、互相帮助、讲奉献、不求索取,遇到困难勇于承担责任而不互相推诿,这样既能优势互补,又能提高工作效率。

另外,为了调动教师的积极性和开发教师的创造欲望,教学团队还应实施教学团队内部绩效分配制度,多劳多得,优劳优酬。将绩效工资与岗位职责、工作业绩、贡献大小挂钩,重点向关键岗位、高层次人才、业务骨干和做出突出成绩的教师倾斜,提高团队的工作效能。

2. 注重内涵建设

由于信息科学领域发展迅猛,各种新理论、新技术不断涌现,并快速应用到社会生活和相关生产领域中,技术更新换代较快,这给 IT 专业教学团队带来了一种压力,当然这也成为团队不断学习、不断创新、不断进取的强大动力。因此,加强内涵建设、积极开展教学研究与改革,不断创新、探索新的教学方法和教学模式已成为团队建设的指导思想,使团队在探索中成长在创新中进步。IT 专业教学团队要求中青年教师要了解专业现状和发展动态,能够追踪专业前沿,及时更新教学内容,深化教学改革,鼓励中青年教师积极申报教育教学研究课题(包括校级青年科研骨干教师能力提升项目、青年教师基金项目等),指导其在课题研究中快速成长,并大力营造和谐氛围、建立健全机制、增强团队凝聚力。以项目为纽带,健全项目贡献激励机制,通过各种教研教改立项(例如,教育科学规划课题、教改基地精品课程、重点课程、精品专业、重点专业、特色专业、重点实验室、示范中心、教学团队、规划教材、新课程、双语教学、实验研究等)进行团队合作,开展各项活动。

3. 不断提高专业教师的教学能力

一是实行相互听课制度。学院通过组织试讲、观摩、资源共享和经验交流等方式,培养青年教师的教学能力。学科带头人和教学负责人定期听课;团队成员之间经常不定期地相互听课;新入团队的教师必须听 1～2 轮理论课。所有听课教师在听课后开诚布公地对任课教师在教学中存在的问题进行交流,提出个人的修正建议。团队内部气氛融洽,成员均能坦诚相待,对教学建议从善如流。

二是教学研讨和集体备课制度化。坚持集体教研,针对课程教学中的典型问题,组织教师开展教学研究,共同学习、研讨并实施教学改革,经常组织开展评教、集体备课或教学研讨活动。多年来,团队成员之间形成了对教学问题、科研问题探讨、切磋的习惯,在探讨的过程中取长补短,尽量做到大家都提出自己的想法,围绕某一问题进行深入探讨,以达到共同学习、共同提高的目的。

4.坚持推进优师建设

坚持推进优师建设,加强教学、科研经验与资源的总结、研究与推广实现科研与教学的融合,采取引进与培养相结合的方式,不断优化教师队伍结构,全面提高教师队伍的整体水平。同时要考虑教师队伍的稳定与发展,使教师队伍的年龄结构、职称结构、学历结构趋于平衡,逐步形成以中青年教师、研究生以上学历教师、高中级职称教师为主体,既能从事产学研开发工作,又具有较高学术水平和发展潜力的教师队伍。具体主要措施如下。

一是建立和完善人才引进制度,大力引进高层次人才。制定高层次人才培养和引进方案、有企业背景的双师型人才培养和引进方案,制定人才补充培养、评价、激励的机制和制度,同时注重对人才的目标考核、绩效考核和过程考核,使师资队伍建设走上制度化、规范化、科学化轨道。在这些制度的支撑下,学校加大人才队伍建设,面向海内外引进高层次人才,为高层次人才提供良好的科研环境,充实软件工程学科教学与科研力量。

二是加强对外交流,提高中青年教师的教学与科研水平。有计划地安排教师外出进修、学习,提高学历层次;选派骨干和青年教师到国内外著名学校及大型企业进行学术访问交流;根据课程改革需要,安排教师参加专项研讨会;大力支持学科团队参加国内外学术交流活动,提高和促进教师教学与科研水平。

三是完善科研项目配套制度和科研成果奖励制度,加大投入,支持专业教师申报各类高层次研究项目和高等级科学技术奖,改善学科建设平台,实现学科内涵式发展。

四是出台相关政策,支持团队进行"政产学研用"合作研究,提高教师服务经济社会的能力。

三、教师发展

以全面提高教师队伍素质为核心,按照"充实数量、优化结构、提高质量、造就名师"的思路,采取培养、引进、稳定、整合相结合的方式,建立促进教师资源合理配置和优秀人才脱颖而出的有效机制,努力打造一支师德高尚、结构合理、教学效果好、科研水平高的教学队伍。具体措施如下。

①通过引进高层次人才,带动专业发展,促进教师科研和教学能力的提高,完善教学队伍的建设,特别要注意引进和聘请具有学科(专业)拓展能力、具有较强的教学科研能力的拔尖人才。

②加强师德师风的建设,营造良好的教学环境,促进学生品德与专业的同步发展。

③加大教师培训工作的力度,全面提高教师队伍的业务水平和业务能力,鼓励教师攻读学位和外出进修,加强科研课题和教学课题的申报工作。

④聘请国内外知名高校和企业的专家学者担任兼职教授或实践导师,增强对外交流,加强校外基地的建设工作。

⑤切实加强专业带头人及人才梯队的建设。专业是高等学校的基本要素,必须以专业为中心来构建师资队伍。实施"名师工程",培养一批在同类学校中专业成就突出,具有一定声望的教师。

⑥建立教师互助计划,让经验丰富的教师与年轻教师结对子,通过言传身教提高青年教师的教学水平和科研能力。

⑦与企业建立合作关系,外派年轻教师赴企业挂职学习和锻炼,参与企业的项目运作、研究和开发工作,为培养"双师型"师资队伍打好基础。

第五章　人工智能技术在
计算机教学中的运用

第一节　人工智能技术在计算机网络教育中的应用

一、人工智能技术的简介

　　人工智能是近几年来才被人们所熟知与认识的,它主要是应用在人工模拟操控以及实现人的智能扩展和延伸上,属于一项综合性的技术,综合了相关的智能技术以及操控技术,人工智能在应用主要是以计算机为载体来实现的,从根本上来讲是讲求高应用技能的计算机。

　　人工智能在应用时凭借的是人工技术,近几年来伴随着科技的不断进步以及电子产品(如手机、电脑等)的不断更新,人工技能也拥有了更多的应用实现的基础。我国现代的人工智能研究主要包括三个领域,分别是智能化的接口设计、智能化的数据搜索、智能化的主题系统研究。

　　科技改变人类生活,人工智能作为一种特别的计算机科学的一种,是对于人类思维的研究、开发,并利用计算机对人类思维进行模仿、延伸和扩展的计算机上所实现的智能的学科。而关于人工智能的研究是涉及多个领域的,不仅包括对机器人、语言识别和图像识别的研究,还对自然语言处理和专家系统等方面进行了深入的探析。所以人工智能可以说是一门企图了解智能实质,进而生产制造出一种崭新的能够同人类智能一样做出反应的智能机器的研究。在人工智能技术诞生以来,关于人工智能的理论和技术目前被不断地完善和改进,而人工智能在应用的领域上也在不断扩张,假以时日,未来人工智能下生产的科技产品作为人类智慧的模仿,将会更好地服务于大众。

二、人工智能的主要特点

当前,我国的人工智能主要集中在三大领域,计算机实行智能化应用主要是通过模仿人类大脑的智能化来实现的,未来的人工智能技术是具有超强发展潜力的新领域,对人们的生产以及生活都会产生很大影响,对信息技术的整体发展也会产生深远影响。而且人工智能给人类带来的影响是潜移默化的,它在不知不觉中改变着人类的生活方式以及工作学习的方式,让我们的生活变得更加便利,提供了多元化的科学选择。

智能技术包括人类智能和计算机智能,两者是相辅相成的。通过运用人工智能可以将人类智能转化为机器智能,反之,机器智能可以通过计算机辅助等智能教学转化为人类智能。

(一)人工智能的技术特点

第一,人工智能具有强大的搜索功能。搜索功能是采用一定的搜索程序对海量知识进行快速检索,最后找到答案。

第二,人工智能具有知识表示能力。所谓知识,是指用人类智能对知识的行为,而人工智能相对来说也会具有此类特征,它可以表示一些不精确的模糊的知识。

第三,人工智能还具有语音识别功能和抽象功能。语音识别能处理不精确的信息;抽象能力是区别重要性程度的功能设置,可以借助抽象能力将问题中的重要特征与其他的非重要特征区分开来,使处理变得更有效率更灵活。对于用户来说,只需要叙述问题,而问题的具体解决方案就留给智能程序。

(二)智能多媒体技术

1. 人机对话更具灵活性

传统多媒体欠缺人机对话,致使教学生硬枯燥,无法达到很好的效果,而智能多媒体允许学生用自然语言与计算机进行人机对话,并且还能根据学生的不同特点对学生的问题做出不同的回答。

2. 更具教育实践性

由于学生的素质不同,在学习上的知识面不同,而且学习主动性也会各有差别,人工智能必须根据每个学生的学习基础、水平和个人能力,为每个学生安排制定符合个人的学习内容和学习目标,对学生进行个别针对性指导。

3. 人工智能系统还必须具备更强的创造性和纠正能力

创造性是人工智能的一个明显的特征,而纠错能力也是它的一个表现方面。

4. 人工智能多媒体还应具备教师的特点

主要是指在教学时能很好地对学生的学习行为以及教师的行为进行智能评判,使学生和教师能找到自己的不足,有利于学生和教师各自在学习方面得到提高。

三、智能计算机辅助教学系统

(一)人工智能多媒体系统

1. 知识库

智能多媒体不再是教师用来将纸质定量教学资源库进行电子化转换的工具,它应该拥有自己的知识库,知识库总的教学内容是根据教师和学生的具体情况进行有选择的设计。另外,知识库应该要做到资源的共享,并且要实时更新,这样才能实现知识库的功能。

2. 学生版块

智能教学的一个特征是要及时掌握学生的动态信息,根据学生的不同发展情况进行智能判定,从而进行个别性指导以及提出建议,使教学更加具有针对性。

3. 教学和教学控制版块

这个版块的设计主要是为了教学的整体性,它关注的是教学方法的问题。具备领域知识、教学策略和人机对话方面的知识是前提,根据之前的学生模型来分析学生的特点和其学习状况,通过智能系统的各种手段对知识和针对性教育措施进行有效搜索。

4. 用户接口模块

这是目前智能系统依然不能避免的一个版块,整个智能系统依然要靠人机交流完成程序的操作,在这里用户依靠用户接口将教学内容传送到机器上完成教学。

(二)人工智能多媒体教学的发展

1. 不断与网络结合

网络飞速发展,智能多媒体也与网络不断紧密结合,并向多维度的网络空间发展。网络具有海量知识、信息更新速度快等各种优点,与网络的结合是智能教学的发展方向。

2. 智能代理技术的应用

教学是不断朝学生与机器指导的学习模式发展,教师的部分指导被机器逐渐取代,如智能导航系统等。

3. 不断开发新的系统软件

系统软件的特征是更新速度快,旧的系统满足不了不断发展的网络要求,不断开发新的软件才能更好地帮助学生解决问题,从而有利于学生的学习和教师的教学。教学智能化是教学现代化的发展主流,智能教学系统要充分运用自身的智能功能,从师生双方发挥应有的高性能作用,着重表现高科技手段的巨大作用,进一步推动智能教学系统的发展。

四、计算机辅助教学的现状

计算机技术应用于教学称为计算机辅助教学(CAI)。CAI 相对于传统教学来说是教学方式上的重大变革,但是随着教学的不断发展,传统的计算机多媒体教学模式也逐渐落后于时代发展的要求,其不足性主要体现在以下四个方面。

(一)交互能力差

现有的计算机辅助教学模式比较单调枯燥,在实际的教学活动中,计算机的应用主要是作为新颖的教材或科技黑板,教师大多会采用已经刻制好的光盘,将教材内容通过电脑屏幕显示出来,课程流程也是刻板的,计算机此时的作用仅仅是一个电子黑板。所以，在实际的课堂上，教师实际上也只是按预定流程操作，学生的听课模式依然停留在传统的听课模式上。无论教师还是学生，都没有和计算机实现很好地互动。

(二)缺乏智能性

在教学中，由于学生的学习程度和掌握知识的程度各有不同，学生学习的主动性也因人而异，因而需要计算机辅助教学的智能性来自动提供学生学习的信息，让他们有选择性地学习。教师的教学只有积极地参与到学习中去才能取得更好的教学效果，通过计算机提供智能服务、因材施教才能最大限度地搞好教学。基于教学的效果，十分有必要去提高多媒体教学的智能性。

(三)缺乏广泛性特征

这是计算机辅助教学的最初固有缺陷，在设计之初它就是基于某一领域知识的整体设计，通过对教学内容、问题答案的设计等，来呈现原设计系统允许范围之内的知识内容，这无法根据学生和教师的实际情况来安排适合不同学生的教学内容，无法根据学生的认知特点以及最优学习效果来指导学生。

(四)缺乏开放性

开放性不足是目前多媒体教学中的严重问题。固定内容的教学方式适应范围较为狭窄;课堂的计划与安排僵化，缺乏自主能动性;由于教学资源固定、无法更新的特点使得教学内容无法变化，不能针对学生特点选择内容;教学资源的交流落后，无法与外界进行有效的交流，从而阻碍了教学质量的提高。

五、人工智能技术在计算机网络教学中的应用

(一)智能决策支持系统

智能决策支持系统是 DSS 与 AI 相结合的产物。IDSS 系统的德尔基本构件为数据库、模型库、方法库、人及接口等，它可以根据人们的需求为人们提供需要的信息与数据，还可以建立或者修改决策系统，并在科学

合理的比较基础上进行判断,为决策者提供正确的决策依据。

(二)智能教学专家系统

智能教学专家系统是人工智能技术在计算机网络教学中的应用拓展。它的实现主要是利用计算机对专家教授的教学思维进行模拟,这种模拟具有准确性与高效性,可以实现因材施教,达到教学效果的最佳化,真正实现教学的个性化。同时,还在一定程度上减少了教学的经费支出,节约了教学实施所需要的成本。因此,在计算机网络教学中应当充分利用智能教学专家系统带来的优势,降低教育成本,提高教育质量。

(三)智能导学系统的应用

智能导学系统是在人工智能技术的支持下出现的一种拓展技术,它维持了优良的教学环境,可以保障学习者对各种资源进行调用,保障学习的高效率,减轻学生沉重的学习负担。它还具有一定的前瞻性和针对性,能够对学生的问题以及练习进行科学合理的规划,并且可以帮助学生巩固知识,督促学生不断提高。

(四)智能仿真技术

智能仿真技术具有灵活性,应用界面十分友好,能够替代仿真专家进行实验设计和设计教学课件,这样能够大大降低教学成本,也可以节省课程开发以及课件设计的时间,缩短课程开发所需要的时间。在未来的计算机网络教学中应当大力发展智能仿真技术,充分利用智能仿真技术带来的机遇,也要对信息进行强有力的辨识,避免虚假信息带来的干扰。

(五)智能硬件网络

智能硬件网络的智能化主要表现在两个方面,首先是操作的智能化,主要包括对网络的系统运行的智能化,以及维护和管理的智能化。其次是服务的智能化,服务的智能化主要体现在网络对用户提供多样化的信息处理上。因此,将智能硬件技术应用在计算机网络教学中是提高教学效率的必要选择。

(六)智能网络组卷系统

智能组卷系统的最大优点就是成本低、效率高、保密性强。因此,它可以根据给的组卷进行试题的生成,对学生进行学分管理,突破了传统的考试模式,节省了教师评卷的时间,是提高学生学习主动性以及积极性的有效措施。

(七)智能信息检索系统

智能信息检索系统主要是帮助学生查找所需要的数据资源,它的智能化系统能够根据使用者平时的搜索记录确定学生的兴趣,并且根据学生的兴趣主动在网络上进行数据搜集。搜索引擎是导航系统的重要组成部分,具有极大的主动性,并且可以根据用户的差异性提出不同的导航建议,是使用户准确地获取信息资源的强大保障。从客观层面上来看,将智能信息检索系统应用到计算机网络教学中也是打造智能引擎、提高搜索效率的必要措施。

人工智能技术在计算机网络教学中的应用至今仍然不成熟,存在很多问题,为了适应时代的发展需要,科学有效地将人工智能技术应用到计算机网络教学中,必须进行不断的探索与创新,切实满足学生的需要,还要科学合理地把先进的科学技术与计算机网络教学结合起来,真正实现计算机网络教学的个性化与高效化,为提高教学效率、促进教学形式的多样化做出贡献。

第二节 人工智能时代的计算机程序设计教学

高性能计算与大数据的高速发展为机器学习尤其是深度学习提供了强大的引擎。自 2006 年取得突破以来,深度学习一直长驱直入,在图像分类与语音识别领域取得了骄人的成绩,在图像识别上甚至超过了人眼识别的准确率。尤其是 2016 年 Google 研发的机器人 AlphaGo 击败世界围棋冠军李世石,使人工智能在经历了两次寒冬之后再次复苏,并以极其强劲的态势进入大众的视野。事实上,人工智能正在全面进入人类生产和生活的方方面面,成为继互联网之后第四次工业革命的推动力量。人类正在进入人工智能时代,人工智能正在成为这个时代的基础设施。人脸识别、自动驾驶、聊天机器人、工业和家居机器人、股票推荐,人工智能的产业应用正在遍地开花。显而易见，无论对计算机专业还是其他专业的大学生，了解人工智能，甚至学习开发人工智能应用都是有必要的。那么，人工智能时代的内涵是什么？有哪些人工智能编程语言？在程序设计教学上应该做哪些调整？

一、人工智能时代的计算机程序设计背景

人工智能（Artificial Intelligence，简称 AI），是研究、开发用于模拟、延伸和扩展人的智能的理论、方法、技术及应用系统的一门新的技术科学。人工智能是计算机科学的一个分支，该领域的研究包括机器人、语音识别、图像识别、自然语言处理和专家系统等。当前人工智能的快速发展主要依赖两大要素：机器学习与大数据。也就是说，在大数据上开展机器学习是实现人工智能的主要方法。而计算机程序设计可视为算法＋数据结构。通过简单地将机器学习映射到算法、将大数据映射到数据结构，我们可以理解人工智能与计算机程序设计之间存在一定程度上的对应关系。人工智能离不开计算机程序设计，要弄清人工智能时代对计算机程序设计的新需求，需要首先对机器学习和大数据有一定的认识。

机器学习（Machine Learning，简称 ML）是一门研究计算机怎样模拟或实现人类的学习行为以获取新的知识或技能的多领域交叉学科，涉及概率论、统计学、逼近论、凸分析、算法复杂度理论等多门学科。机器学习是人工智能的核心，包括很多方法，如线性模型（Linear model）、决策树（Decision tree）、神经网络（Neural networks）、支持向量机（Support Vector Machine）、贝叶斯分类器（Bayesian classifier）、集成学习（Ensemble learning）、聚类（clustering）、度量学习（Metric learning）、稀疏学习（Sparse learning）、概率图模型（Probabilistic graph model）和强化学习（Reinforcement learning）等。其中，大部分方法都属于数据驱动（data－driven），都是通过学习获得数据不同抽象层次的表达，以利于更好地理解和分析数据、挖掘数据隐藏的结构和关系。

深度学习（Deep Learning）是机器学习的一个分支，由神经网络发展而来，一般特指学习高层数的网络结构。深度学习也包括各种不同的模

型,如深度信念网络(Deep Belief Network,简称 DBN)、自编码器(AutoEncoder)、卷积神经网络(Convolutional Neural Network,简称 CNN)、循环神经网络(Recurrent Neural Network,简称 RNN)等。深度学习是目前主流的机器学习方法,在图像分类与识别、语音识别等领域都比其他方法表现优异。

作为机器学习的原料,大数据(Big data)的"大"通常体现在三个方面,即数据量(Volume)、数据到达的速度(Velocity)和数据类别(Variety)。数据量大概可以体现为数据的维度高,也可以体现为数据的个数多。对于数据高速到达的情况,需要对应的算法或系统能够有效处理。而多源的、非结构化、多模态等不同类别特点也对大数据的处理方法带来了挑战。可见,大数据不同于海量数据。在大数据上开展机器学习,可以挖掘出隐藏的有价值的数据关联关系。

对于机器学习中涉及的大量具有一定通用性的算法,需要机器学习专业人士将其封装为软件包,以供各应用领域的研发人员直接调用或在其基础上进行扩展。大数据之上的机器学习意味着很大的计算量。以深度学习为例,需要训练的深度神经网络其层次可以达到上千层,节点间的联结权值可以达到上亿个。为了提高训练和测试的效率,使机器学习能够应用于实际场景中,高性能、并行、分布式计算系统是必然的选择。可以采用软件平台,如 Hadoop MapReduce 或 Spark;或者采用硬件平台,如 GPU(Graphics Processing Unit,图形处理器)或 FPGA(Field—Programmable Gate Array,即现场可编程门阵列)。

二、人工智能时代的计算机程序设计语言

人工智能时代的编程自然以人工智能研究和开发人工智能应用为主要目的。很多编程语言都可以用于人工智能开发,很难说人工智能必须用哪一种语言来开发,但并不是每种编程语言都能够为开发人员节省时间及精力。Python 由于简单易用,是人工智能领域中使用最广泛的编程语言之一,它可以无缝地与数据结构和其他常用的 AI 算法一起使用。Python 之所以适合 AI 项目,其实也是基于 Python 的很多有用的库都可

以在 AI 中使用。一位 Python 程序员给出了学习 Python 的 7 个理由：(1)Python 易于学习。作为脚本语言，Python 语言语法简单、接近自然语言，因此可读性好，尤其适合作为计算机程序设计的入门语言。(2)Python 能够用于快速 Web 应用开发。(3)Python 驱动创业公司成功。支持从创意到实现的快速迭代。(4)Python 程序员可获得高薪。高薪反映了市场需求。(5)Python 助力网络安全。Python 支持快速实验。(6)Python 是 AI 和机器学习的未来。Python 提供了数值计算引擎（如 NumPy 和 SciPy）和机器学习功能库（如 scikit－learn、Keras 和 TensorFlow），可以很方便地支持机器学习和数据分析。(7)不做只会一招半式的"码农"，多会一门语言，机会更多。

Java 也是 AI 项目的一个很好的选择。它是一种面向对象的编程语言，专注于提供 AI 项目上所需的所有高级功能，它是可移植的，并且提供了内置的垃圾回收。另外，Java 社区可以帮助开发人员随时随地查询和解决遇到的问题。LISP 因其出色的原型设计能力和对符号表达式的支持在 AI 领域占据一席之地。LISP 是专为人工智能符号处理设计的语言，也是第一个声明式系内的函数式程序设计语言。Prolog 与 LISP 在可用性方面旗鼓相当，据 Prolog Programming for Artificial Intelligence 一文介绍，Prolog 是一种逻辑编程语言，主要是对一些基本机制进行编程，对于 AI 编程十分有效，如它提供模式匹配、自动回溯和基于树的数据结构化机制。结合这些机制可以为 AI 项目提供一个灵活的框架。C＋＋是速度最快的面向对象编程语言，这对于 AI 项目是非常有用的，如搜索引擎可以广泛使用 C＋＋。

其实为 AI 项目选择编程语言，很大程度上都取决于 AI 子领域。在这些编程语言中，Python 因为适用于大多数 AI 子领域，所以逐渐成为 AI 编程语言的首选。Lisp 和 Prolog 因其独特的功能，在部分 AI 项目中卓有成效，地位暂时难以撼动。而 Java 和 C＋＋的自身优势也将在 AI 项目中继续保持。

三、人工智能时代的计算机程序设计教学

人工智能时代的计算机程序设计教学在高校应该如何开展呢？下面

给出一些初步的思考,供大家讨论并批评指正。

(一)入门语言

入门语言应该容易学习,可以轻松上手,既能传递计算机程序设计的基本思想,也能培养学生对编程的兴趣。C语言是传统的计算机编程入门语言,但学生学得并不轻松,不少同学学完C语言既不会运用,也没有兴趣,有的非计算机专业的学生甚至因为C语言对计算机编程产生畏惧心理。因此,宜将Python作为入门语言,让同学们轻松入门并快速进入应用开发。有了Python这个基础,再学习面向对象程序设计语言C++或JAVA,就可以触类旁通。

(二)数据结构与算法

笔者认为计算机程序设计=数据结构+算法。因此,在学习编程语言的同时或之后,宜选用与入门语言对应的教材。比如,入门语言选Python的话,数据结构与算法的教材最好也是Python描述。

(三)编程环境

首先,编程环境要尽量友好,简单易用,所见即所得,无须进行大量烦琐的环境配置工作。对于学生而言,像JAVA那样需要做大量环境配置不是一件容易的事。其次,编程环境要集成度高,一个环境下可以完成整个编程周期的所有工作。再次,编程环境要能够提供跨平台和多编程语言支持。最后,编程环境应提供大量常用的开发包支持。Anaconda就是这样的一个编程环境,它拥有超过450万用户和超过1000个数据科学的软件开发包。Anaconda以Python为核心,提供了Jupyter Notebook这样功能强大的交互式文档工具,代码及其运行结果、文本注释、公式、绘图都可以包含在一个文档里,而且还可以随时擦写更新。GitHub上有很多有趣的开源Jupyter Notebook项目示例,可供大家学习Python时参考。

(四)案例教学

传统的计算机程序设计教材和课堂教学过多偏重介绍编程语言的语法,即使课堂陷入枯燥,又让学生找不到感觉。因此,笔者提倡案例教学,即教师在课堂上尽可能结合实际项目来开展教学。教学案例既可以是来自教师自己的研发项目,也可以是来自网络的开源项目。案例教学的好处在于,学生容易理论联系实际,缩短课本与实际研发的距离。

(五)大作业

实验上机除了常规的基本知识的操作练习外,还应安排至少一个大作业。大作业可以是小组(如 3 名同学)共同完成。这样不但可以锻炼学生学以致用的能力、提升学生学习的成就感,还可以让学生的团队精神和管理能力得到提高,可谓一举多得。大作业的任务应该尽可能来自各领域的实际问题和需求,如果能拿到实际数据更好。

综上,人工智能时代的新需求要求我们探索计算机程序设计新的教学内容和教学形式。唯有与时俱进、不断创新,才能使高校的计算机程序设计教学达到更好的教学效果,才能培养出适应各行各业新需求的研发人才。

第三节　基于计算机网络教学的人工智能技术运用

所谓人工智能,就是利用人工方法在计算机上实现智能,也可以说是人工智能在计算机上的一种模拟。人工智能广泛融合了神经学、语言学、信息论和通讯科学等众多学科和领域。目前主要存在三条人工智能研究途径:一是以生物学理论为支撑,掌握人类智能的本质规律;二是以计算机科学为支撑,通过人工神经网络进行智能模拟,实现人机互动;三是以生物学理论为支撑。

一、人工智能技术的特征

智能技术主要分为两类,即人类和计算机智能,两者存在相辅相成的关系。利用人工智能技术能够实现人类智能向机器智能的转化,同时,机器智能也能够利用智能教学转化为人类智能。

(一)人工智能的技术特征

首先,人工智能具备非常强的搜索功能。该功能是利用相关搜索技术实现对海量信息的快速检索,满足个性化信息需求。其次,人工智能具备很强的知识表示能力。具体来讲,就是人工智能对信息的行为,能够像人类智能一样,对模糊的信息加以表示。最后,人工智能具有较强的语音识别和抽象功能。前者主要是为了对模糊信息加以处理,后者主要是为了对信息重要度加以区分,以便提高信息处理效率。用户只需要智能机器提出具体要求便可,至于复杂的解决方案就交给智能程序了。

(二)智能多媒体技术

首先,人机对话更加灵活。传统多媒体在人机对话方面极为欠缺,导致教学单调乏味,不能取得预期的良好效果,但智能多媒体却不然,他能够实现人机自由对话和互动,还能结合学生实际对学生的问题给出不同层次的答案。其次,教学可行性更强。由于学生在认知能力和个人素养方面都存在差异,而且学习主动性也不尽相同,人工智能必须结合学生实际学习状况,为每一位学生设计制定个性化的学习计划和学习目标,对学生进行针对性较强的教学,真正实现因材施教。再次,具有强大的创造性和纠错性。前者属于人工智能的显著特征,而后者属于人工智能的重要表现方面。最后,智能多媒体具有教师特征。在实际教学过程中,智能多媒体可以对教学双方的行为进行智能评价,以便能够及时发现教学中的薄弱点,有助于实现教学相长,全面提高教学质量和教学效果。

二、计算机网络教育的现状

随着现代科学的进步,网络信息的发达,人们的教学观念和学习观念都发生了前所未有的改变,网络时代正全面到来。为了满足现代社会对人才的实际需求,培养大量现代化优秀人才,计算机网络教学模式业已成型并不断完善。目前,高校正规教学模式依然是现代教学主流,尽管在系统传授知识和规范培养人才方面具有无可比拟的优势,但在资金投入、效益创收和时空限制等方面具有很大的弊端,灵活性不足,无法有效满足现代教育的发展要求。

计算机网络教学对传统教学形成了巨大挑战,并产生了深远影响。它不仅有效弥补了传统教学的时空限制缺陷,而且赋予教学极大的乐趣性,吸引了越来越多的人积极投身到网络教学建设中去,任何人无论何时何地都能够通过网络课堂去学习和提高。但目前计算机网络教学发展仍处于探索期,在实际运用方面还存在许多问题:第一,计算机网络教学中的学习支持服务体系尚不健全,导学手段和答疑方法还非常落后,由于各种原因,在服务方式上缺乏针对性、策略性和积极性;第二,计算机网络实验教学中存在空间分散、时间流动和自主性差等问题和弊端;第三,计算机网络的系统承载能力和信息查询能力还十分有限;第四,如何实现计算机网络考试的开放性,确保考试的客观性、公正性、权威性,已经成为网络教学发展的瓶颈;第五,计算机网络教学中的核心支撑系统——CAI,还无法有效满足和适应网络教学的实际需求和发展要求。

主流 CAI 课件主要有两种:一种是单机版的初级课件,包括简单的Authorware 课件、PPT 幻灯片和图文网页等;一种是高级的网络版课件。该类课件主要以静态图文和动态演示组成的网页为主,以聊天室、电子邮件和 QQ 群等形式为辅,是实现师生互动、网络答疑的一种改进型课件。初级课件在实际教学中以操作容易、更新及时和维护方便著称,但实际上就是传统教学手段的变相挪用。还有些课件,尽管在互动性方面有着不错的效果,但是制作烦琐、更新较慢和维护复杂。因此,高级网络课件是目前网络教学中的主流课件,已经成了计算机网络课件的固定模板。改进型的网络课件有效地解决了传统多媒体在师生互动不足的问题。上述两类课件是现在最为常见的两种 CAI 课件,尽管两者都有各自的优势,但作为网络教学的重要手段,仍存在许多问题和弊端:无法实现因材施教,无法开展层次教学;作为教学的一大主体,学生在个性化交互操作方面仍有很大不足;对学习过程中出现的普遍问题无法进行智能统计、分析和评价等。

三、人工智能技术在计算机网络教学中的运用

(一)人工智能多媒体系统

1.知识库

智能多媒体已经不再是用来进行纸质媒体数字转化的工具了,它应该具备相应完善的知识库,而知识库里的教学内容要结合教学实际和学生现状进行针对性、个性化设计。同时,要实现知识库资源的高度共享,并及时加以更新和补充,如此才能充分发挥知识库的教学服务作用。

2.教学版块

教学版块的设计主要是出于教学综合性考虑的,教学方法的创新是其关注的重点内容。该模块的实现要以掌握专业知识、教学策略和人机对话等领域的知识为前提,结合学生实际学习现状和特点,利用智能系统的现代化技术手段对知识和相关教育措施加以高效搜索。

3.学生板块

及时掌握学生心理动态和学习状况是智能网络教学的一大特征,结合学生实际状况加以智能评判,进而加以针对性指导和个性化辅导,实现因人施教和因材施教,全面提高学习效率和学习质量。

4.用户模块

用户模块是智能系统无法忽视和省略的关键模块,整个智能系统的正常运行离不开人工程序操作,用户需要通过用户终端将教学内容上传到网络教学平台,才能顺利完成教学。

(二)人工智能多媒体教学的发展

1.加强与网络的结合

随着网络技术的成熟,智能网络教学与网络之间的关系日益紧密,多元化、多维度网络空间日益成为一种趋势。互联网具有信息量大、更新速

度快、超时空性等优势,加强与网络的结合是人工智能计算机网络教学未来发展的重要方向。

2.加强智能代理的应用

人机对话、机器指导的教学模式将成为未来网络教学的核心模式,传统教师的角色将逐渐被计算机取代,最为典型的就是现代智能导航系统。

3.加强系统软件的研发

系统软件的更新日新月异,旧的系统软件已经无法有效满足网络发展的时代要求,加强系统软件的研发可以充分满足网络要求,更好地帮助学生解决实际问题,进而提高学习效率和教学质量。

人工智能技术在计算机网络教学中的运用将为现代化教育提供新的发展思路,将全面改善网络教学环境,拓展学习服务渠道,提高计算机网络教学质量,并有可能彻底打破计算机网络教育的时空限制,全面加强网络教学的开放性,实现网络学习的个性化、人性化和智能化,充分落实以学生为本的教学理念。未来 CAI 技术的进一步成熟将全面提高网络教学的整体质量,我们有理由相信,智能网络教学将迎来全新的发展春天。

参考文献

[1]蔡自兴,徐光祐.人工智能及其应用[M].第四版.北京:清华大学出版社,2010.

[2]曾婷.高校人工智能专业建设的现状分析与问题的思考[J].计算机产品与流通,2019(12):167.

[3]查艳芳."人工智能+教育"对高职学生的个性化学习研究[J].科技创新导报:1—2.

[4]陈道蓄,陶先平,钱柱中,等.重组计算机专业基础课程,促进学生能力培养[J].计算机教育,2012(23):2—5.

[5]陈艳.大数据时代人工智能在计算机网络技术中的应用[J].现代工业经济和信息化,2019(11):60—61.

[6]陈长印.计算机人工智能技术研究进展和应用分析[J].计算机产品与流通,2019(12):5.

[7]戴晖.人工智能在计算机网络技术中的应用[J].电子技术与软件工程,2019(23):18—19.

[8]段俊阳.浅谈计算机人工智能识别关键技术及运用[J].计算机产品与流通,2019(12):4.

[9]冯巍.高职计算机网络技术专业教学改革探索[J].南方农机,2019(23):211+219.

[10]冯秀萍.基于人工智能的高校计算机专业教学辅助系统设计与研究[J].信息与电脑(理论版),2024(9):55—57.

[11]郭佳.大数据时代人工智能在计算机网络技术中的运用[J].中国新技术新产品,2019(22):101—102.

[12]郭志,杨晓春,杨俊.Chat GPT的崛起与教育生态视域下的计算机基础课程教学创新研究[J].大学,2024(20):133—136.

[13]黄恒一.嵌入式人工智能教学科研平台实验课程教学改革[J].物联网技术,2024(8):156-158.

[14]金东梅.试析人工智能在计算机网络技术中的应用[J].中国校外教育,2019(35):54-55.

[15]李翠平,柴云鹏,杜小勇,等.新工科背景下以数据为中心的计算机专业教学改革[J].中国大学教学,2018(7):22-24.

[16]李慧,曹阳,张金区,王兴芳.计算机视觉个性化教学研究[J].中国教育技术装备,2024(10):30-32.

[17]李晓燕.关于高职计算机网络教学改革的研究[J].课程教育研究,2019(51):7-8.

[18]刘德建,杜静,姜男,等.人工智能融入学校教育的发展趋势[J].开放教育研究,2018(4):33-42.

[19]刘东.计算机教育教学课程研究与实践[M].北京:知识产权出版社,2012.

[20]刘艳,李庆武,霍冠英,等.创新驱动的计算机视觉实验教学设计及实验系统研发[J].创新创业理论研究与实践,2024(10):18-23.

[21]刘艳芳.人工智能背景下的高校教学策略研究[J].计算机产品与流通,2019(12):166.

[22]刘奕.5G网络技术对提升4G网络性能的研究[J].数码世界,2020(04):24.

[23]陆立波.大数据时代人工智能在计算机网络技术中的应用[J].网络安全技术与应用,2019(12):76-78.

[24]吕晓娟,杨海燕,李晓漪.信息化教学的百年嬗变与发展愿景[J].电化教育研究,2020(7):122-128.

[25]梅香香,蔡小丹,朱阳燕,等.生成式人工智能模型应用于编程教学的创新与实践[J].电脑知识与技术,2024(14):32-34,45.

[26]钮立辉.大数据时代人工智能在计算机网络技术中的应用[J].中国新技术新产品,2019(23):122-123.

[27]任龙.基于人工智能的计算机教学辅助系统研究[J].信息与电脑(理论版),2024(9):140-142.

[28]史子新.高职计算机网络课程实训教学探究[J].计算机时代,2019(12):88—90,94.

[29]宋皓铭.人工智能在电子信息技术中的应月[J].南方农机,2019(23):221.

[30]唐庆谊.大数据时代背景下人工智能在计算机网络技术中的应用研究[J].数字技术与应用,2019(10):72—73.

[31]陶静.人工智能时代教师的职业危机与回应[J].湖南广播电视大学学报,2020(1):1—4.

[32]屠海斌.基于机器视觉的搬运机器人系统研究与软件实现[D].东南大学,2015.

[33]吴春晖.网络安全领域中人工智能技术的应用探讨[J].网络安全技术与应用,2019(12):8—10.

[34]吴宁,薄钧戈,崔舒宁,等.大数据时代计算机基础教学改革实践与思考[J].中国大学教学,2020(Z1):42—45.

[35]辛继湘.当教学遇上人工智能:机遇、挑战与应对[J].课程.教材.教法,2018(9):62—67.

[36]阳利,董湘龙.人工智能技术在计算机辅助教学中的应用研究[J].造纸装备及材料,2024(5):254—256.

[37]杨坤,顾兢兢.计算机人工智能技术研究进展和应用分析[J].电脑知识与技术,2019(33):197—198.

[38]杨稳,张文锋,闫登卫.人工智能与计算机课程的教学评价分析[J].集成电路应用,2024(7):206—207.

[39]姚丽洁.高职"计算机应用基础"课程教学改革思考[J].无线互联科技,2019(21):72—73.

[40]尹睿,黄甫全,曾文婕,等.人工智能与学科教学深度融合创生智能课程[J].开放教育研究,2018(6):70—80.

[41]张红卓,周小宝,许玉焕,等.生成式人工智能赋能计算机程序设计类课程教学创新[J].计算机教育,2024(7):44—48.

[42]张如国.计算机网络技术中人工智能应用[J].通讯世界,2019(11):128—129.

[43]张舒婷.基于人工智能的计算机网络技术[J].电子技术与软件工程,2019(23):4—5.

[44]张兆迪,张馨月.真实性学习视域下信息科技教学策略探究——以"探索人工智能之神经网络"为例[J].中国信息技术教育,2024(12):13—15.

[45]张智浩,沈谋全,朱文俊.人工智能背景下"机器视觉"课程教学改革与探索[J].工业和信息化教育,2024(5):19—23.

[46]赵丽玲,孙玉宝,李军侠,等.新工科人工智能创新人才培养的教学设计与实践——以计算机视觉课程为例[J].沈阳大学学报(社会科学版),2024(3):74—82.

[47]赵晓丹.高职计算机教学中有效教学的实现[J].南方农机,2019(23):177—178.

[48]赵晓丹.高职计算机课程中翻转课堂的应用探析[J].湖北农机化,2019(23):91—92.

[49]郑晓东,李雪娇,宋建萍.人工智能和新技术背景下计算机专业试点课程教学改革措施研究与探索[J].科技视界,2024(13):15—18.

[50]周凡.人工智能在计算机视觉及网络领域中的应用[J].信息与电脑(理论版),2019(22):105—106,109.

[51]周卫红,蒋作,江涛,等.以人工智能及编程能力为核心的计算机专业新工科教学改革研究[J].云南民族大学学报(自然科学版),2020(2):105—109.

[52]周阳.新时代背景下高校计算机教学中现代技术的应用研究[J].信息系统工程,2024(8):67—70.